DAS ÖSTERREICHISCHE LEBENSMITTELBUCH
CODEX ALIMENTARIUS AUSTRIACUS

II. Auflage

Herausgegeben vom Bundesministerium für soziale Verwaltung,
Volksgesundheitsamt, im Einvernehmen mit der Kommission zur
Herausgabe des Codex alimentarius Austriacus

Vorsitzender: o. ö. Prof. Dr. Franz Zaribnicky

XXXVI.-XXXVIII. HEFT

MEHL- UND MAHLPRODUKTE

REFERENT: REGIERUNGSRAT DR. JOSEF MAYRHOFER

STÄRKE

REFERENT: REGIERUNGSRAT DR. JOSEF MAYRHOFER

HEFE

REFERENT: HOFRAT DR. OTTO CZADEK

Springer-Verlag Berlin Heidelberg GmbH 1932

ISBN 978-3-662-42848-1   ISBN 978-3-662-43131-3 (eBook)
DOI 10.1007/978-3-662-43131-3

Ausgegeben im Oktober 1932

DAS ÖSTERREICHISCHE LEBENSMITTELBUCH
CODEX ALIMENTARIUS AUSTRIACUS

II. Auflage

Herausgegeben vom Bundesministerium für soziale Verwaltung, Volksgesundheitsamt, im Einvernehmen mit der Kommission zur Herausgabe des österreichischen Lebensmittelbuches

Vorsitzender: o. ö. Professor Dr. Franz Zaribnicky

XXXVI.

Mehl und Mahlprodukte

Referent: Regierungsrat Dr. *Josef Mayrhofer* (Landw.-chem. Bundes-Versuchsanstalt, Wien)

Der Verkehr mit Mehl und Mahlprodukten unterliegt aus dem Gesichtspunkte der Nahrungsmittelkontrolle den allgemeinen den Lebensmittelverkehr regelnden Vorschriften. Von diesen kommen speziell in Betracht:

1. Das Lebensmittelgesetz vom 16. Jänner 1896, RGBl. Nr. 89, vom Jahre 1897;

2. die Ministerialverordnung vom 13. Oktober 1897, RGBl. Nr. 235, über die Erzeugung oder Zurichtung von Eß- und Trinkgeschirren, dann Geschirren und Geräten, die zur Aufbewahrung von Lebensmitteln oder zur Verwendung bei denselben bestimmt sind, sowie über den Verkehr mit denselben (in der Fassung der Ministerialverordnungen vom 29. Juni 1906, RGBl. Nr. 132, und vom 10. November 1928, BGBl. Nr. 321).

Nebstdem enthält die Ministerialverordnung vom 26. September 1907, RGBl. Nr. 230, spezielle Vorschriften über den Verkehr mit Rollgerste.

1. Beschreibung

I. Allgemeiner Teil

Alle aus Mahlgut erzeugten Produkte der Mühlen bezeichnet man als Mahlprodukt.

Unter Mehl versteht man das Mahlprodukt gereinigter, meist entkeimter, auf Müllereimaschinen bis zu einem je nach Erfordernis hohen Grad der Feinheit zerkleinerter und mehr oder weniger von den Hüllen befreiter, stärkehaltiger Früchte und Samen verschiedener Kulturpflanzen, insbesondere aus den Familien der Gräser, des Buchweizens und der Hülsenfrüchte. Getreidemehl in engerem Sinn entsteht aus den auf Mühlen zerriebenen Getreidefrüchten von Weizen, Roggen,

Gerste, Hafer. Es besteht in der Hauptsache aus den zertrümmerten Zellen des Mehlkerns und dessen Inhaltstoffen, Stärke und Proteinkörpern. Hieher zählt man auch das Mehl aus den geschälten Früchten des Buchweizens (Haidenmehl). Verarbeitet man die Samen der gewöhnlich angebauten Hülsenfrüchte, wie der Erbsen, Bohnen und Linsen, so erhält man die eigentlichen Leguminosenmehle, die sich von den früher genannten schon morphologisch scharf unterscheiden, da sie ausschließlich dem zerkleinerten Keim entstammen, dem das sogenannte Nährgewebe der Getreidearten fehlt. Unsere hauptsächlichsten Brotmehle sind Weizen- und Roggenmehl, geringere Bedeutung haben die Mehle der Gerste, des Hafers, des Maises, des Reises und der Hirse. Neben Mehl kommen auch noch Grieße und Graupen sowie Grützen in Betracht.

II. Besonderer Teil

A. Mahlprodukte der Getreidefrüchte

1. Beschreibung

Die reife Frucht der Getreidearten stellt eine trockene Schließfrucht (Karyopse) dar. Diese enthält innerhalb einer dünnen, zuweilen von Spelzen umschlossenen und mit einer zarten Samenhaut zusammenhängenden Fruchtschale einen Kern, der hauptsächlich aus stärkereichem Nährgewebe (Endosperm) besteht, an dessen Grund der kleine Keim angewachsen ist.

2. Getreideverarbeitung

Technische Aufgabe der Müllerei ist, durch die Zerkleinerung des Kornes und Trennung der in physikalischer und chemischer Hinsicht weitgehend verschiedenen Kornelemente, für den menschlichen Genuß bestimmte Mehle herzustellen. Dazu werden nach entsprechender Vorreinigung die holzfaserreichen Schalen des Getreidekorns, die Aleuronschicht und der Keim vom Endosperm, dem eigentlichen Mehlkörper, entfernt. Im Mehlkörper sind Stärke und die wichtigen Proteinkörper (Kleber) enthalten. Der mehlige Kern des Getreidekornes besteht aus einem weichen, mürben und leicht zerreiblichen Gewebe, ist seltener dicht und fest und zerbröckelt leicht infolge seiner Sprödigkeit und Brüchigkeit. Der drückenden, zermalmenden und zerbrechenden Wirkung der Mühlsteine oder Walzen vermag das Gewebe des Mehlkörpers nur geringen Widerstand entgegenzusetzen, es wird zersprengt, zerbrochen und in kleine Teile verrieben. Die zähere Aleuronschicht mit ihren derbwandigen stärkemehlfreien Zellen leistet der mechanischen Einwirkung größeren Widerstand; sie wird teilweise zerrissen, so daß man in den gröberen Mehlsorten und besonders in der Kleie sie in Gestalt großer vielzelliger Komplexe antrifft. Noch zäher und fester ist die großenteils verholzte Fruchthaut, die durch die Wirkung der Mühlsteine oder Walzen nur wenig zersplittert oder zerrieben wird. Infolge des verschiedenen Verhaltens der Gewebe des Getreidekorns beim Mahlprozeß gelingt es, die Schalenteilchen und die zwar an Proteinstoffen reiche, aber die Feinheit der Mehle herabsetzende Aleuronschicht vom eigentlichen Mehle zu trennen; aber auch durch Anwendung feinster Verfahren der modernen Hochmüllerei ist es nicht möglich, eine so vollkommene Trennung durchzuführen, daß nicht auch in die Auszugmehle Splitterchen der Fruchthaut und der Aleuronschicht übergehen.

Die wichtigsten Mahlverfahren sind die Flach- und die Hochmüllerei. Bei der ersteren wird das Getreidekorn bei enggestellten Mühlsteinen oder Walzen ohne Zwischenproduktgewinnung möglichst vollständig zerrieben und das erhaltene Erzeugnis durch Sieben (Sichten) in Mehl und Kleie gesondert. Bei der Hochmüllerei (Grießmüllerei) wird die Zerkleinerung des Kornes allmählich zwischen nach und nach näher gestellten, geriffelten und glatten Walzen oder Steinen durchgeführt, wodurch das Korn in nach Form und Größe verschiedene, immer feiner werdende Produkte zerfällt, die man durch Sieben und mit Putzmaschinen sondert; das feinste Produkt ist dabei das Auszugmehl, weiter folgen je nach der Größe der Teilchen gröbere Mehlsorten, ferner Dunst, Grieß, Schrot, und als Nebenprodukte Futtermehl und die Kleie. Je nach der Natur des Mahlgutes, der Betriebsart und dem praktischen Bedürfnisse differenziert man die Mahlprodukte mehr oder weniger weit, so daß man im Handel je nach der Fruchtgattung verschiedene Sortierungen der betreffenden Mehle, Grieße und Kleien kennt. Den erhaltenen Anteil eines Mehles aus 100 Teilen Getreide nennt man seinen Ausmahlungsgrad.

Die Mehle werden zuerst je nach der Getreideart und dann nach Typen (Sichtungsgraden) eingeteilt. Neben den eigentlichen Mehlsorten und Kleien erzeugt man Grieße, hauptsächlich aus Weizen, Gerste und Mais, dann die einfach geschälten, von der Fruchthaut und dem Keime teilweise oder ganz befreiten Früchte von Gerste, Hafer und Hirse, weiters die Grützen als geschälte, zerbrochene und grob zerkleinerte Früchte von Gerste, Hafer, Hirse, Buchweizen, endlich die Graupen, geschälte und gespitzte oder gerundete Getreidefrüchte der Gerste (Rollgerste) und des Weizens. (Das gedarrte, von Spreu befreite, unreife Korn des gespelzten Weizens heißt Grünkern.) Für bestimmte Back- und Kochzwecke werden aus dem ganzen Korn feinere und gröbere Vollkornmehle hergestellt; als Vollkornmehl bezeichnete Mahlerzeugnisse dürfen keinerlei Siebung durchgemacht haben. Ferner werden für denselben Zweck aus geschältem und entkeimtem Getreide Mehlsorten erzeugt.

Getreide und Mehl wird mitunter chemisch-technischen Verfahren unterzogen, die sie für eine bestimmte Verwendung verändern und ihnen bestimmte Eigenschaften verleihen sollen; dabei ist die Verwendung aller gesundheitsgefährdenden Stoffe unzulässig.

3. Eigenschaften der Mahlprodukte der Getreidefrüchte

Gutes Mehl muß nach Abstammung und Qualität seiner Bezeichnung entsprechen, die seiner Art und Sorte eigentümlichen Feinheits- und Reinheitsgrade besitzen, die in ihrem physikalischen Verhalten, in Farbe, Griff, Geruch und Geschmack und in der Backfähigkeit zum Ausdrucke kommen.

Die Farbe der Mehle wechselt innerhalb gewisser Grenzen je nach Art, Sorte, Feinheit und Reinheit. Verschiedene äußere Umstände wie lockere oder dichte Lagerung, trockener oder feuchter Zustand beeinflussen die Qualität. Selbst ein und dieselbe Mehltype kann unter sonst gleichen Verhältnissen eine verschiedene Farbenschattierung zeigen, insbesonders bei Sorten aus verschiedenen Gegenden. Die zu menschlichen Nährzwecken bestimmten Mehle sind weiß, mit einem mehr oder weniger starken Stich ins graue, bläuliche, gelbliche oder grünlichgelbe, mindere Sorten sind dunkler, etwas lichtbräunlichgrau, Roggen- und Gerstenmehle in den feinsten Sorten weiß, in geringeren Sorten mit grauem Schimmer, Buchweizenmehle weiß bis graurötlich, Hirsemehle grünlichgelb, Maismehle gelb. Beim Durchfeuchten (Pekarisieren) nehmen die Mehle charakteristische Farbnüancierungen an. Fremde Verunreinigungen namentlich Ausreuterbestandteile vermögen die Gesamtfarbe zu verändern.

Charakteristisch für bestimmte Mehlsorten ist der Griff. Beim Verreiben kleiner Mengen zwischen den Fingern fühlt sich das Mehl je nach seiner Art weich und flaumig, bis rauh und körnig an. Griffige Mehle weisen einen höheren Zellulosegehalt auf im Vergleiche zu den Auszugmehlen desselben Ausmahlungsgrades. Bei stärkerer Erwärmung zwischen den Walzen und den Steinen der Mühle kann eine Quellung und teilweise Verkleisterung der Stärkezellen eintreten, auch der Kleber ungünstig beeinflußt werden; solche Mehle nennt man dann „verschliffen".

Geruch und Geschmack guten Mehles sind rein, der betreffenden Mehlart eigen, ohne fremdartige herbe, bittere, süße oder scharfe Abstufungen; sie dürfen weder dumpfig, moderig, schimmlig oder sonstwie fremdartig sein. Der vom Kleiegehalt abhängige charakteristische schwach herb-bittere Geschmack der Brotmehle ist nicht zu beanstanden. Die Getreidemehle zeichnen sich in ihrer chemischen Zusammensetzung durch ihren großen Reichtum an Stärkemehl aus, daneben bilden die stickstoffhältigen Stoffe in ihren verschiedenen Formen (Glutenfibrin, Glutenkasein, Gliadin) eine sehr wichtige Rolle.

Die größte praktische Bedeutung hat der sogenannte Kleber, der nur aus Weizenmehl durch einfaches Auswaschen gewonnen werden kann. Von seiner Menge und Beschaffenheit hängt die Steighöhe des Teiges und die Lockerheit des Gebäckes ab. Der Gehalt an trockenem Kleber liegt meist zwischen 8 und 15%. Die Mehle aus heimischem Weizen geben rund 30% an nassem Kleber, ausländische meist wesentlich mehr.

a) Mahlprodukte des Weizens

Die moderne Mühlenindustrie stellt aus Weizen zahlreiche Mehl- und Grießsorten her. Dabei fallen auch mehrere Sorten von Kleie und stärker verunreinigte Mehle (Pollmehl, Schälmehl und Futtermehl) ab. Die gewonnenen Mehle werden derzeit mit fortlaufenden Nummern je nach ihrer Farbe und der ihrer Nummer entsprechenden Backfähigkeit bezeichnet, und zwar in den Nummern 0 bis 8. Im gewöhnlichen Handel spricht man von Auszugmehl 000, 00, 0, fein (glatt), griffig und doppelgriffig, Kochmehl (Semmelmehl) 2, Brotmehl 4 bis 7, Futtermehl $7^{1}/_{2}$ und 8 sowie von Kleie. Die Feststellung geschieht nach Typen, die die Mühlen führen und in der Regel auf den Produktenbörsen hinterlegt sind. Unter den Grießsorten unterscheidet man feine und grobe Grieße; besonders feiner Grieß ist als Kindergrieß (Himmeltau[1]) handelsüblich. Die chemische Zusammensetzung der einzelnen Typen schwankt je nach Sorte, Jahrgang und Herkunft in weiten Grenzen. Zwischen Ausmahlungsgrad und chemischer Zusammensetzung bestehen natürlicherweise bestimmte Verhältnisse, indem besonders der Gehalt an Proteinkörpern, Rohfaser und Asche mit dem höheren Ausmahlungsgrad steigt, der Stärkegehalt fällt.

Sowohl bei der küchenmäßigen als technischen Verwendung des Weizenmehls bildet wohl die Backfähigkeit den wesentlichsten Faktor. Sie hängt zum größten Teile von der Beschaffenheit des Klebers ab, dessen Wasseraufnahme und Dehnbarkeit den Gebrauchswert bestimmen. Von Einfluß sind weiter Zustand der Stärke, Salzgehalt und Säuregrad. Eindeutigen Aufschluß über die Backfähigkeit gibt nur der Backversuch. Die Backfähigkeit der verschiedenen Mehlproben aus den verschiedenen Ländern ist stark unterschiedlich, weshalb die fachgemäße Herstellung guter Mehle im Verschnitt von Weizen verschiedener Herkunft und Eigenschaften besteht. Auch gibt die Verwendung von Backhilfsmitteln durch Vermehrung des Enzymgehaltes oder Änderung des kolloidalen Zustandes im Mehl die Möglichkeit, geringeren Backwert zu verbessern.

b) Mahlprodukte des Roggens

Aus Roggen werden weniger Mehlsorten erzeugt als aus Weizen. Als handelsübliche Sorten werden benannt: Extraroggen- oder Vor-

---

[1] Auch aus den hirseartigen Samen des Schwadenkrautes (*Glyceria fluitans*) hergestellt.

schußmehl (0), Weißroggen (0/I), lichtes Roggenmehl (I), dunkles Roggenmehl (II), Schwarzroggen- oder hinteres Roggenmehl (III), Futtermehl und Kleie. Roggenmehl 0 ist weiß, mit merklich bläulichem Farbton, Roggenmehl 0/1 ist weiß und schon wesentlich dunkler als das vorige. Noch dunkler ist das Mehl I. Die übrigen Sorten sind schon grau. Unter Gleichmehl versteht man die beim Vermahlen des Roggens erzielte Gesamtmehlausbeute (ausschließlich Futtermehl und Kleie). Roggenmehl wird fast nur zur Broterzeugung verwendet; Sauerteig oder Hefe bilden das Triebmittel.

c) Mahlprodukte der Gerste

Aus der Gerste werden neben wenig Mehl in den Sorten 0, I und III hauptsächlich Graupen (Rollgerste) hergestellt. Dabei fällt sogenanntes Gerstenschrot und ein Gerstenmehl ab, das entweder für sich oder in Mischung mit anderen Mehlen, hauptsächlich als Futtermehl in den Handel kommt. Die einfach geschälten und gebrochenen Früchte bilden die Gerstengrütze; Nebenprodukte sind Gerstenkleie und Gerstenfuttermehl. Die Früchte der bei uns angebauten Gerstenformen sind bedeckte; durch längeres Weichen im Wasser lassen sich die Spelzen wohl von der Frucht ablösen, nicht aber beim Vermahlen. Eine Ausnahme bildet die sogenannte nackte Gerste, deren Früchte beim Dreschen von den Spelzen befreit werden können.

Auf dem Markt erscheinen unzulässigerweise geschwefelte und talkumierte Graupen; Waren mit übermäßigem Sandgehalt sind nicht selten. Für normale Ware ist ein Sandgehalt von höchstens 0,2% in der Trockensubstanz als zulässig anzusehen.

Das aus der Gerste gewonnene Malz wird vermahlen als Malzmehl in der Bäckerei als Hefetriebmittel und zur Kindernährmehlherstellung verwendet.

d) Mahlprodukte des Hafers

Als Brotmehl wird das Hafermehl selten in Verwendung genommen, jedoch mit oder ohne Leguminosenmehl häufig zur Herstellung von Nährmitteln (Kraftmehle oder Kindernährmehle), Hafer auch teils in ganzen Körnern als Rollhafer, teils gebrochen (Hafergrütze) oder gequetscht (Haferflocken) verwendet. Die Nebenprodukte, Hülsen, Kleie und Rotmehle dienen als Futter.

e) Mahlprodukte des Maises

Der Mais wird hauptsächlich als Grieß (Polenta, Mameliga), selten als Mehl zu Nahrungszwecken verwendet. Die Vermahlung bezweckt außer der Zerkleinerung eine möglichst vollkommene Trennung des hornigen Teiles des Nährgewebes von der zähen Fruchtsamenschale und dem fettreichen Keim. Der Anfall an Grieß und Mehl beträgt rund

65%, der an Keimen und Schalen 35%. Sehr fein vermahlener Mais und das bei der Herstellung des Grießes sich ergebende Feinmehl dienen zu Speisezwecken, auch zum Brotbacken.

4. Qualitätsunterschiede der Getreidemehle

Abweichungen von der normalen Beschaffenheit sind beim Mehl zahlreich und mannigfaltig. Die Güte des Mehles hängt von der Art und Sorte des Getreides, der Herkunft, der Gegend und Kultur, dem Jahrgang und der Qualität des Mahlgutes, vom Zustand bei der Vermahlung, der Reife, Reinheit, Art der Gewinnung und Aufbewahrung, endlich von der mehr oder weniger vollkommenen Durcharbeitung des Mahlgutes, vom Wassergehalt des Getreides, von der Lagerung, Verpackung und Art der Versendung ab. Seltener kommen absichtliche Qualitätsänderungen, Zusätze, Unterschiebungen minderwertiger Mehle vor. Verunreinigungen oder Verfälschungen können anorganischer Natur sein, z. B. Sand, Staub, absichtliche Zusätze von Kreide, Gips u. dgl. Die Menge der in Salzsäure unlöslichen Mineralstoffe („Sand") darf nicht mehr als 0,12% der Trockensubstanz betragen. Aus der mißbräuchlichen Verwendung[1]) von mit Blei ausgegossenen Mühlsteinen kann Blei ins Mehl gelangen. Auch organische Verunreinigungen oder Verfälschungen pflanzlicher und tierischer Natur werden beobachtet. Bei nicht genügender Reinigung des Getreides gelangen Bestandteile der Ausreuter ins Mehl, ab und zu kommt Mehl aus ausgewachsenem oder in anderer Weise schadhaft gewordenem Getreide vor, entweder allein oder mit guten Mehlen gemischt, ferner durch fehlerhafte Aufbewahrung verdorbenes sowie dumpfiges und verunreinigtes Mehl. Jede Art der Behandlung von Mehl, die lediglich zum Zwecke der Bleichung oder zur Vortäuschung einer besseren Qualität dient, ist unstatthaft. Unzulässig ist auch die künstliche Färbung. Bei Weizenmehl ist der Zusatz von Mais- und Gerstenmehl beobachtet worden, bei billigen Sorten von Roggenmehl der Zusatz von dunklem Weizenmehl, von Gerste oder Ausreuteranteilen. Mehl, das giftige Stoffe aus Raden, Taumellolch, Wachtelweizen und Mutterkorn enthält, ist als gesundheitsschädlich zu bezeichnen. Mehl aus weizenhaltigem Roggen oder roggenhaltigem Weizen wird im reellen Handel als Halbfruchtmehl bezeichnet.

Handelsverhältnisse. Im Großhandel von Mehl und Mahlprodukten gilt der Preis für je 100 kg Brutto für Netto (einschließlich Sack). Die Säcke müssen transportfähig, von guter Beschaffenheit sein und entsprechend bezeichnet werden. Jede zur Ablieferung gelangende Partie muß gleichmäßig gepackt werden; der einzelne Sack pflegt meist 85 kg zu fassen, fremde Provenienzen 63,5 oder 50 kg. Wird Weizen- oder Roggenmehl ohne Bezeichnung einer bestimmten Marke

---

[1]) Siehe § 4 der MinVdg. vom 13. Okt. 1897, RGBl. Nr. 235.

verkauft, so ist dafür die an der Wiener Börse hinterlegte Type maßgebend. Die Usancen schreiben vor, daß das Mehl aus gesundem Getreide, trocken vermahlen und rein sei. Nicht lieferbar ist Mehl mit fremdartigem Geruch oder solches, das eine geringere Backfähigkeit aufweist als der Nummer entspricht, die dem Kaufe zugrunde liegt. Weizenmehle mit den Nummern 0 bis 4, ebenso Roggenmehle in den Nummern 0 bis II dürfen keinen bitteren Beigeschmack haben. Auch mindere Sorten müssen gesund sein.

B. Mahlprodukte der Hülsenfrüchte

Die Leguminosen zeigen einen von den Getreidefrüchten stark abweichenden Bau. Sie besitzen im frischen Zustande eine lederartige, im trockenen leicht zerreibliche Schale und einen Kern, der aus dem Embryo und zwei Keimblättern besteht. Auf die äußere Schicht der Samenschale (Palisadenschicht, Epidermis) mit senkrecht mittelwärts stehenden, dicht gereihten Stäbchenzellen folgt die mittlere Säulenschicht (Parenchym). Diese besteht aus kurzen, quer vor den Palisadenzellen liegenden, von einem Hofe umgebenen, von Gefäßbündeln durchzogenen, schachbrettartig geordneten Zellen; dann folgt eine innere, feine gallertartige Quellschicht (Epithel). Diese drei Umhüllungen decken die Keimblätter, in denen die Stärkekörner (etwa 70%) eingebettet sind und das Eiweiß (20 bis 25%) nebst den übrigen in geringem Ausmaße vorhandenen organischen Verbindungen enthalten ist.

Die feinen Hülsenfruchtmehle werden aus den vollreifen, trockenen Samen der Bohnen, Erbsen, Linsen hergestellt. Man weicht die Samen in Wasser auf, trocknet sie, entfernt die zähe Samenschale durch Abreiben und Absieben und vermahlt den großen stärke- und proteinreichen Keimlappen. Beim Schälen und Abreiben der mazerierten Samen wird das Würzelchen und das kleine Knöspchen ganz oder größtenteils mit entfernt. Diese Mehle werden seltener für sich, mehr als Bestandteile verschiedener diätetischer Nährmittel verwendet. Die Hülsenfruchtmehle haben keine festen Handelssorten. Der Geschmack des rohen Bohnenmehles ist bitter; im Verkehr muß gefordert werden, daß die Waren gesund und trocken sind.

Hieher gehören auch die Erzeugnisse aus der Frucht der Sojapflanze (*Soja hispida*). Sie unterscheidet sich von den eigentlichen Hülsenfrüchten durch das völlige Fehlen der Stärke und zeichnet sich durch ihren Fett- (etwa 16%) und hohen Eiweißgehalt (etwa 35%) aus; sie wird nach entsprechender Vorbereitung (Enthülsen, auch Entfetten, mitunter Dämpfen oder Rösten, um den ihr eigentümlichen herbbitteren Geschmack zu nehmen) und Vermahlen als Mehl oder gröberes Pulver zu nahrungstechnischen Zubereitungen verwendet, zumeist um den Eiweißgehalt der damit versetzten Nahrungsmittel zu heben.

C. Mahlprodukte anderer Grundstoffe

Aus Kartoffeln, sowohl aus rohen als auch aus gedämpften, werden durch Trocknen Kartoffelflocken (Stifte, Scheiben) erzeugt. Durch Vermahlen und Sichtung von den Schalen erhält man die Kartoffelwalzgrieße und Walzmehle (Kartoffelmehl). Sie werden in der Hauswirtschaft und bei der Brotbereitung, für Suppenkonserven u. dgl. verwendet. Ihr Wassergehalt darf 15%, ihr Sandgehalt 1% nicht überschreiten.

Reismehl wird fast nur zur Herstellung von Kindernährmitteln und in der Feingebäckerzeugung gebraucht.[1]

Das im Handel vorkommende Buchweizenmehl hat nur örtliche Bedeutung als Nahrungsmittel. Mehrfach erscheint der Buchweizen auch geschält und gebrochen als Grütze. Die Ausbeute an Grütze und Mehl beträgt etwa 60% der Gesamtfrucht.

Die geschälten und polierten Früchte der Hirse finden als Hirsebrein Verwendung, Mehl ist selten. Die Rückstände aus der Vermahlung dienen als Viehfutter.

Paniermehle und Brösel (Semmel- oder Brotbrösel) werden aus gebackenen, getrockneten und zu grobkörnigem Pulver vermahlenen Teigen oder aus älterem Gebäck hergestellt; aus dunklen Brotmehlen hergestellte Paniermehle sind als solche zu bezeichnen; künstliche Färbung ist unzulässig.

D. Versetzte Mehle

Sie bilden Mischungen verschiedener Mehle aus Getreide und Hülsenfrüchten mit Zusätzen, die Geschmack und Geruch beeinflussen, und stellen Nährpräparate, halbfertige Zubereitungen oder Surrogate wertvollerer Genußmittel dar. Hieher gehören die sogenannten Puddingpulver, die Kuchenmassen, die aus gezuckerten, gefärbten und aromatisierten Mehlen mit oder ohne Zusatz von Stärke, Milch, Gelatine u. dgl. hergestellt sind, dann die sogenannten Kakaoersatzmittel (Malzkakao, Haferkakao u. a.), Mischungen von gerösteten oder ungerösteten Mehlen, Kakao, Zucker, Malzextrakt, Trockenmilch, Trockenei u. a.; ferner seien erwähnt die konservenartigen Erbs-, Bohnen- und Linsenwürste und die verschiedenen Suppentabletten.

Derartige Erzeugnisse müssen aus einwandfreien Rohmaterialien hergestellt und ihrer Beschaffenheit entsprechend bezeichnet werden.

2. Probeentnahme

Zur Untersuchung eines Mehles ist eine sorgfältig gemischte Durchschnittsprobe im Gewichte von rund 500 g zu entnehmen. Ist das be-

---

[1] Es ist manchmal mit etwas Talk verunreinigt, was vom Schleifen des Reises mit Talk herrührt.

treffende Muster aus Säcken zu ziehen, so erfolgt dies mit dem Probestecher derart, daß je nach der Menge der zu bemusternden Ware eine entsprechend große Anzahl von Mustern aus etwa 20% der Säcke zu ziehen, bei sinnfälliger Gleichheit zu mischen und davon ein Anteil zur Prüfung vorzulegen ist. Bei versetzten Mehlen genügt ein Originalpaket, jedoch mindestens 200 g.

3. Untersuchung

A. Empirische Prüfung

1. **Sinnenprüfung**: Vor allem ist das Mehl auf Aussehen, Geruch und Geschmack, Feinheit und Griff und auf gröbere Verunreinigungen zu prüfen. Die Farbe stellt man am einfachsten fest, indem man etwa einen Löffel voll auf ein mattes schwarzes Papier oder Brettchen bringt, die Oberfläche mit einem harten, glatten Gegenstand ebnet und so entweder für sich oder mit einer gleich behandelten Type betrachtet. Auffallender werden diese Farbunterschiede, wenn man diese Proben durchfeuchtet und vergleicht (Pekarisieren), woraus sich auch die Qualität und der Ausmahlungsgrad ersehen lassen.

2. **Mineralische Verunreinigungen** werden durch die Chloroformprobe festgestellt; man mischt etwa 2 bis 4 g Mehl in einem Glasröhrchen mit etwa 30 ccm Chloroform, die mineralischen Beimengungen sinken beim Stehenlassen zuerst zu Boden.

3. **Erkennung behandelter Mehle.** Als verläßlich für den Nachweis mit nitrosen Gasen behandelter Ware gilt die Prüfung mit dem *Grieß-Ilosvay*schen Reagens (0,5 g Sulfanilsäure, 0,1 g Alphanaphtylamin werden getrennt in je 150 ccm 30-prozentiger Essigsäure gelöst, knapp vor der Verwendung gemischt); ein Tropfen davon wird auf die plattgedrückte Oberfläche des Mehles gebracht: bei den mit Stickoxyden behandelten Mehlen tritt sofort Rotfärbung auf. Peroxyde können mit einer 3-prozentigen alkoholischen Benzidinlösung nachgewiesen werden (blaue Zone um dem Salzkern), Chlor mit schwach angesäuerter Jodkaliumlösung. Benzoylsuperoxyd wird mit Petroläther ausgeschüttelt und in der Lösung nach Zusatz einer alkoholischen Lösung von Di-p-diamidodiphenylamin (1 : 100) durch Auftreten einer grüngelblichen Färbung erkannt. Brom- und Jodverbindungen sind mit den üblichen Mikroreaktionen nachweisbar.

4. **Unkräuter** lassen sich (nach *Vogl*) durch Aufschütteln des Mehles mit salzsäurehältigem Alkohol (95 ccm 75-prozentiger Alkohol und 5 ccm konzentrierte Salzsäure) und schwachem Erwärmen durch das Auftreten roter Färbungen erkennen. Größere Mengen von Wachtelweizen erzeugen dabei eine Blaugrünfärbung.

5. **Das Wasserbindungsvermögen.** Die Bestimmung erfolgt derart, daß man zu genau 20 g Wasser in einer Schale so viel Mehl allmählich zusetzt und einknetet, bis ein nicht mehr an den Fingern

klebender, zusammenhängender, leicht knetbarer Teig entstanden ist. Der Teig wird gewogen und das Verhältnis des Wassers zu 100 g Mehl festgestellt. Gutes Mehl pflegt mindestens 50% Wasser zu binden, Qualitätsmehle selbst über 60%.

6. Die Backfähigkeit. Zu ihrer Feststellung bedient man sich des fachgemäßen Backversuches. 280 g des angewärmten Mehles werden mit 160 ccm Salzlösung, die 4 g Kochsalz enthält, 2 g Saccharose und 5 g Hefe gemischt. Dieser Teig wird ununterbrochen im Verlaufe von 10 Minuten, gerechnet vom Beginne des Mischens, durchgearbeitet, sodann in die Backform fallen gelassen und der Gärung bei 33 bis 35° C überlassen. Nach Beendigung der Gärung wird bei 230 bis 250° C gebacken. Durch den Backversuch lassen sich zahlenmäßig feststellen: Die Teig- und Brotausbeute, die bis zur Reife des Gebäcks notwendige Gärzeit, das Volumen des Gebäcks, die Porengröße und das Porenvolumen der Krume; zu berücksichtigen ist auch das Verhalten des Mehles bei der Teigbereitung und im Gärverlauf sowie die Ausbildung des Gebäckes in Krume und Kruste. Als Gärzeit wird die Gesamtzeit von Beginn des Mischens bis zur erreichten Gärhöhe[1]) in Minuten gezählt. Diese Gärzeit darf für normale Ware 90 Minuten nicht überschreiten.

7. Trifruktosenachweis. In Mehlen weist ein positiver Befund auf Roggenmehl hin.[2]) 5 g Mehl werden mit 20 ccm 70-prozentigen Alkohols 15 Minuten geschüttelt und zentrifugiert, die abgegossene Lösung bleibt 24 Stunden im Eisschrank ruhen, dann wird filtriert. 10 ccm Filtrat werden mit 0,5 ccm alkoholischer n-Natronlauge versetzt, dabei bleibt Weizenauszug klar, Roggenauszüge trüben sich und zeigen bei großen Mengen Fällungen.

B. Chemische Untersuchung

Die Eignung des Mehles für Nahrungszwecke wird durch seinen Gehalt an Protein und stickstofffreien Extraktstoffen, insbesondere Stärke, bedingt. Die Bestimmung des Gehaltes an Wasser und Asche ist notwendig, weil deren Menge abnormal sein kann und auch im Zusammenhange mit der Qualität des Mehles und seiner Ausmahlung steht.

1. Wasser

Der Wassergehalt des Mehles wird durch Trocknen von 5 g bei 105° C durch $2^1/_2$ Stunden bestimmt.

---
[1]) Die Gärzeit wird gemessen, wenn der gärende Teig eine Höhe von 85 mm in einer Blechform erreicht, die bei einer rechteckigen Grundfläche von 128 : 80 mm (innen) und einem oberen, offenen Rand von 150 : 87 mm (innen) eine Wandhöhe von 108 mm besitzt. Nach dieser Feststellung läßt man, ehe der Teig in den Backofen geschoben wird, noch bis zum vollen Auftrieb im Gärraume stehen.
[2]) *Tillmans*, Zeitschrift für die Untersuchung der Lebensmittel, 1928, 55, 155.

2. Asche und Sand

5 g Mehl werden in der Platinschale über dem Pilzbrenner vorsichtig und unter Vermeidung des Schmelzens der Asche bis zum völligen Weißwerden verbrannt. Die gewonnene Asche stellt nicht die Gesamtsumme der im Mehl enthaltenen Mineralstoffe dar, da durch das Überwiegen der Phosphate Chlor, Schwefelsäure, zum Teil auch Alkalien verflüchtigt werden. Zur Bestimmung des Sandgehaltes wird die gewonnene Asche mit verdünnter Salzsäure (1 : 10) aufgenommen, schwach erwärmt und vom unlöslichen Anteil filtriert, der Rückstand geglüht und gewogen. Die Alkalität der Asche erhält man durch ihr Lösen in 0,5 n-Säure und Rücktitration mit Lauge. Mehl niedrigen Ausmahlungsgrades zeigt negative Alkalität. Um die wahre Alkalität zu erhalten, werden zum Mehl einige Kubikzentimeter Lauge (für 5 g Mehl etwa 20 ccm 0,1 n-Sodalösung) gegeben und nach gutem Durchmischen die Veraschung durchgeführt. Bei der nachträglichen Berechnung sind dann diese Kubikzentimeter 0,1 n-Sodalösung in Abzug zu bringen. Mit der höheren Ausmahlung wird die Alkalität positiv und steigt gleichzeitig mit dem wachsenden Kleieanteil. Positive Alkalität wird auch beim Vorhandensein von Kartoffelmehl erhalten.

3. Stickstoffhältige Verbindungen

a) Rohprotein. Seine Menge ergibt sich aus dem nach der Methode *Kjeldahl* ermittelten Stickstoffgehalt durch Multiplikation mit dem Faktor 6,25.

b) Klebergehalt. 50 g Weizenmehl werden mit 25 ccm Wasser zu einem Teig angerührt, gut durchgeknetet und eine Stunde sich selbst überlassen. Hernach wird die Masse unter einem dünnen Wasserstrahl solange durchgearbeitet, bis die Stärke vollständig entfernt ist. Die durch Abtropfenlassen vom anhängenden Wasser befreite Klebermasse stellt den feuchten Kleber dar, bei 105° C in geeigneter Weise (durchstechen) getrocknet, ergibt dieser den Trockenkleber; unter normalen Verhältnissen beträgt der Trockenkleber etwa 30% des Naßklebers.

4. Fett

5 bis 10 g Mehl werden im *Soxhlet*schen Extraktionsapparat mit Äther erschöpfend behandelt und der Rückstand im Kölbchen bei 100° C bis zur Gewichtskonstanz getrocknet und gewogen.

5. Stärke

5 g Mehl werden im Kochkolben mit etwa 200 ccm Wasser versetzt, 15 ccm Salzsäure (Dichte: 1,125) hinzugefügt und durch 3 Stunden im kochenden Wasserbade belassen. Nach dem Erkalten wird filtriert,

das Filtrat mit Lauge neutralisiert und dann auf 500 ccm aufgefüllt. 25 ccm Filtrat dienen zur Dextrosebestimmung nach *Fehling*. Die erhaltene Menge Dextrose mal 0,9 gibt Stärke.

6. Rohfaser

5 g Mehl werden mit 200 ccm 1,25-prozentiger Schwefelsäure 30 Minuten unter Ersatz des verdampfenden Wassers gekocht, nach dem Absitzen wird die obenstehende Flüssigkeit abgehebert und dann der Rückstand mit heißem Wasser gewaschen. Der nun verbleibende Rückstand wird mit 1,25-prozentiger Kalilauge wieder 30 Minuten gekocht, dann durch ein Asbestfilter filtriert, mit Wasser, Alkohol und Äther gewaschen, bis die Flüssigkeit klar durchgeht, getrocknet, samt dem Asbest gewogen und sodann verascht. Der um die Asche verminderte Wert wird als Rohfaser in Rechnung gestellt.

7. Säuregrad

20 g Mehl werden mit 100 ccm destillierten Wassers zu einem feinen Brei angerührt, dazu 1 ccm Phenolphtaleinlösung gegeben und mit 0,1 n-Natronlauge bis zur bleibenden Rotfärbung titriert. Der Säuregrad des Mehles wird in Kubikzentimeter Normallauge für 100 g Mehl ausgedrückt; er überschreitet bei gesundem 0-Mehl 3,5 ccm n-Lauge nicht.

Mit dem Ansteigen des Ausmahlungsgrades steigt auch der Säuregrad.

C. Mikroskopische Untersuchung

Gröbere Mehlsorten werden durch Siebe in ihre Einzelteile getrennt und die Siebanteile mit der Lupe oder mikroskopisch geprüft. Beim Pekarisieren eventuell auffallende, dunkel gefärbte Partien werden mit befeuchteter Nadel ausgesucht und unter dem Mikroskop bestimmt. Färbungsmethoden lassen bei dem verschiedenen Verhalten von Schalenpartikel, Stärke und Proteinstoffen eine bessere Differenzierung durchführen.

Der Weizen

Seine Querzellen sind dünnwandig, stark getüpfelt, häufig abgeschrägt und meist dünner als die Langzellen. Das Lumen der Haare ist meist enger, selten gleich dick wie die Haarwand. Nur am Grunde ist eine kleine Erweiterung des Haarlumens festzustellen. Die Stärkekörner sind undeutlich geschichtet, die großen dick und linsenförmig, rundlich bis oval, selten polyedrisch, zumeist mit einem Durchmesser von 30 bis 40 μ. Die Kleinkörner sind rundlich, mehr polyedrisch und ihre Größe schwankt zwischen 2 und 10 μ. Ähnlich verhält sich der Speltweizen.

Der Roggen

Das Ende der dünnwandigen, schwach getüpfelten Querzellen ist dicker als die Längsseite, die stark gerundeten Schlingenzellen sind ungetüpfelt. Das Lumen der Haare ist weiter als die Dicke der Haarwand. Die Stärkekörner sind allgemein etwas größer als die des Weizens, viele davon zeigen einen zentralen Hohlraum mit gekreuzten Spalten. Die Großkörner sind rundlich, mit unregelmäßigem Umriß und ihr Durchmesser beträgt 25 bis 60 μ. Die Kleinkörner ähneln denen des Weizens.

Die Gerste

Sie ist gekennzeichnet durch ihre verkieselten Epidermiszellen mit verdickten, stark welligen Zellwänden, durch ihre mehrreihige Aleuronschicht mit vielfach blaurotem Inhalt; die Haare sind kurz, spitzkegelförmig. Die Stärkekörner ähneln denen des Roggens, sind jedoch etwas kleiner, die Kleinkörner zeigen oft nierenförmige Gestalt.

Der Hafer

Die Haare ähneln denen des Weizens, sind jedoch etwas länger und unten krückenstockförmig umgebogen. Die Stärkekörner sind zusammengesetzt und bestehen aus eckigen, an ihren Enden und Kanten etwas abgerundeten Teilkörnern. Die ganzen Körner sind etwas oval, ihr Durchmesser beträgt 35 bis 36 μ, während die Teilkörner eine Größe von 5 bis 7 μ haben.

Der Reis

Die zusammengesetzten, leicht in viele Teilkörner zerfallenden Stärkekörner zeigen sich als glasige, eckige Partikelchen von 3 bis 6 μ Durchmesser, ohne Spalt. Reste des Silberhäutchens sind vielfach noch feststellbar.

Der Mais

Die Stärkekörner sind im Hornendosperm eckig, im Mehlendosperm rund. Sie besitzen einen gekreuzten Spalt oder eine zentrale Höhlung mit radialer Streifung, wenige rundliche Kleinkörner; ihre Größe schwankt zwischen 10 und 30 μ. Die zahlreichen, dicht nebeneinanderliegenden Schlauchzellen sind lang und dünn. Die den Langzellen entsprechende Schicht besteht aus dickwandigen, englumigen, buckligspindelförmigen Zellen.

Die Hirse

Die Stärkekörner sind polygonal abgeplattet und liegen in der Eiweißsubstanz eingebettet. Oft zeigen sie einen zentral gelegenen Spalt. Durchmesser 7 bis 15 μ. Die Langzellen der äußeren Epidermis sind wellig oder wechseln mit paarweis angeordneten Kurzzellen. Die Samenschalen zeigen ein ein- oder wenigreihig ausgebildetes Perisperm.

Der Buchweizen

Die Stärkekörner sind denen der Hirse ähnlich und besitzen eine zentrale Kernhöhle. Die Stärkekörner des Hornendosperms sind wesentlich größer als die des Mehlendosperms. Die großen Zellen der Oberhaut sind wellig gezeichnet, das Parenchym schwammartig.

Die Kartoffel

Außer ihrer leicht erkennbaren und typischen Form der Stärke mit deutlicher Schichtung um einen exzentrisch gelagerten Kern kommt als Merkmal noch die dünne äußere Korkschicht mit dünnwandigen, polyedrischen Zellen in Betracht. In Walzmehlen ist die Stärke mehr oder weniger verkleistert.

Die Hülsenfrüchte

Die Palisaden- und Trägerzellen der Samenschale, die Interzellularräume und Poren der Zellwände des Keimlings sind kennzeichnend, die Stärkekörner sind nierenförmig bis eiförmig, mehr oder weniger deutlich geschichtet. Sie haben eine lange deutliche Kernhöhle, die vielfach verzweigt ist. Ihre Größe schwankt in der Regel zwischen 12 bis 15 μ und auch mehr. Eiweißkörner sind reichlich vorhanden.

Die Soja

Der Bau der Samenschale ist gleich dem der anderen Leguminosen. Bemerkenswerte Kennzeichen sind der zumeist völlige Mangel an Stärke in reifen Samen (nur in unreifen Früchten ist Stärke festzustellen), die Größe der Palisaden von 55 bis 60 μ Höhe und weitem Lumen an der Basis; die großen Interzellularräume (Trägerzellen) zeigen seitliche Einschnürung und sind in der Größe fast den Palisaden gleich; die bis 23 μ großen Aleuronkörner treten besonders stark hervor.

Für die Untersuchung der anorganischen und organischen Verunreinigungen dient der Rückstand der durch Kochen verkleisterten und mit Salzsäure verzuckerten Probe, oder des sich dabei bildenden Schaumes. Auch lassen sich die charakteristischen Schalen- und Zellteilchen durch Schlämmen des Mehles und Auswaschen der Stärke erhalten. Es erfolgt dabei die Feststellung von Schimmelpilzen, von Brandpilzen, von Mutterkorn, Kornrade, Wachtelweizen und Klappertopf, von Kuhkraut, Wicken und Taumellolch, weiters von Holzabfällen, Spitzabgang und Kleie, Milbenkot und Milbenbälgen und sonstigen tierischen Überresten. In ausgewachsenem Getreide zeigen die Stärkekörner, besonders jene größeren Durchmessers, stark zerrissene, vielfach auch durchsichtige Formen und radiale Ausfressungen. Bei Reis und Rollgerste sind etwa vorhandene Talkfragmente in der Asche an den blätterigen, durchsichtigen Kristallformen, die in Säuren unlöslich sind, erkennbar.

4. Beurteilung

Gesundheitsschädlich sind Mahlprodukte, die gesundheitsgefährdende Stoffe anorganischer oder organischer Natur (S. 4 u. 7) oder bedeutendere Mengen an Ausreuteranteilen, Brandsporen, Mutterkorn und tierischen Resten (S. 7) enthalten.

Als verdorben sind Mehle zu beanstanden, die einen abnormalen, z. B. dumpfen Geruch, sauren oder ranzigen, schimmeligen, bitteren oder sonst fremdartigen Geschmack besitzen (S. 4), dann solche, deren Rohprodukte durch Auswuchs oder Notreife stark gelitten haben (S. 7) oder Getreidemehl, das verschliffen (S. 4) oder durch Brandsporen, Mehlwürmer, Milben, Käfer, Motten, deren Exkremente und Gespinste u. dgl. verunreinigt (S. 15) ist, ebenso Mehl, dessen Gehalt an Sand, Staub und Mühlsteinteilchen 0,12% der Trockensubstanz übersteigt (S. 7).

Verfälscht oder verdorben sind je nach dem Grade der Verunreinigung Mahlprodukte, die mehr als Spuren an Ausreuteranteilen führen.

Verfälscht sind sie weiter beim Nachweis von Beschwerungs- oder Schönungsmitteln (S. 7), beim Vorhandensein fremder Mahlprodukte (S. 7), dann bei künstlicher Färbung und unzulässiger Bleichung (S. 7).

Eine Benennung, die der wahren Natur der Ware widerspricht, oder der garantierten Handelstype nachsteht, stellt eine falsche Bezeichnung im Sinne des Lebensmittelgesetzes dar.

Minderwertig sind schlecht backfähiges Mehl und Mahlprodukte mit mehr als 15% Wasser, weil sie leicht dem Verderben unterliegen.

5. Regelung des Verkehrs

Hiebei kommen folgende Gesichtspunkte hauptsächlich in Betracht. Die technischen Mühleneinrichtungen (Reinigungsvorrichtungen usw.) seien so beschaffen, daß die Erzeugnisse normale Eigenschaften erreichen. In der Mühle herrsche größte Reinlichkeit, besondere Aufmerksamkeit ist den Holzteilen zu widmen, um das Eindringen von tierischen Schmarotzern zu verhindern; die vollständige Beseitigung dieser Feinde der Müllereibetriebe erfolgt häufig durch Ausgasungen. Es sei jedoch bemerkt, daß nicht alle verwendeten Gase ohne Einwirkung auf die Qualität des etwa betroffenen Mehles bleiben. Der Transport von Mehlen in Wagen oder Schleppern, die durch übelriechende Stoffe oder anderweitig verunreinigt sind, ist unstatthaft. Mehlsäcke müssen den sanitären Anforderungen entsprechen und dürfen nur so gezeichnet sein, daß die Farbe nicht durchschlägt. Bei offenen Mehltransporten muß Schutz gegen Nässe und Staub getroffen werden. Räume, in denen Mahlprodukte lagern, seien trocken, luftig, frei von tierischen und vegetabilischen Schmarotzern; Mehlkasten sollen aus Tannen- oder Fichtenholz sein. Mehl muß an einem kühlen Ort aufbewahrt werden.

Im Kleinverschleiß wird das Mehl zweckmäßig in Säcken (Papier, Leinwand) abgewogen, zum Verkauf bereit gehalten, diese sind abgesondert von stark riechenden Verbrauchswaren und vor Verunreinigung geschützt, aufzubewahren. Die Verwendung von Makulaturpapier zur unmittelbaren Umhüllung ist unzulässig. Mahlprodukte sollen bei der Abgabe nicht ohne Verwendung einer Mehlschaufel eingefaßt werden.

6. Verwertung beanstandeten Mehles

Je nach dem Grade der Fälschung oder des Verdorbenseins sind Mahlprodukte, wenn möglich, als Viehfutter oder für technische Zwecke zu verwerten, sonst zu vernichten. Falsch bezeichnete Waren können unter der richtigen Bezeichnung im Verkehre belassen werden.

Experten: Gen.-Dir. *L. Figdor* (Ankerbrotfabrik), Dir. *W. Gerö* (Fa. Glatz), Dir. *P. Gleitsmann* (C. H. Knorr), *A. Kobilka* (n.-ö. Mühlenverband), Dr. *O. Kraus* (Verband d. Brotfabriken), Dr. *W. Kurz* (Ankerbrotfabrik), *E. Polsterer*, Dir. *E. Rechnitzer*, Börserat *W. Saxl*, Dir. *A. Stößler* (Verband d. Großmühlenindustrie), Börserat *G. Stumpf*.

XXXVII.
Stärke

Referent: Regierungsrat Dr. *Josef Mayrhofer* (Landw.-chem. Bundes-Versuchsanstalt, Wien)

Für den Verkehr mit Stärke kommen vom Standpunkte der Lebensmittelkontrolle insbesondere folgende Vorschriften über den Lebensmittelverkehr in Betracht:

1. Das „Lebensmittelgesetz" vom 16. Jänner 1896, RGBl. Nr. 89 vom Jahre 1897.
2. Die Ministerialverordnung vom 17. Juli 1906, RGBl. Nr. 142, über die Verwendung von Farben und gesundheitsschädlichen Stoffen bei Erzeugung von Lebensmitteln und Gebrauchsgegenständen sowie über den Verkehr mit derart hergestellten Lebensmitteln und Gebrauchsgegenständen. (Diese Verordnung wurde ergänzt und teilweise abgeändert durch die Ministerialverordnung vom 10. November 1928, BGBl. Nr. 321.)

1. Beschreibung

Unter Stärke (Amylum) versteht man in den Pflanzen vorkommende, geformte Kohlenwasserstoffverbindungen. Je nach Herkunft zeigen sie für jede Pflanzengattung bestimmte Struktur und Größe. Trotz des völlig gleichartigen chemischen Aufbaues (der C-Gehalt schwankt zwischen 43,21 und 43,98%) erweisen sich die einzelnen Stärkearten verschieden in ihrem chemischen und physikalischen Verhalten. In der Natur bildet die Stärke den Reservestoff für das Wachstum und die Entwicklung des Keimlings und findet sich demnach in großen Mengen gesammelt in den Wurzeln und Wurzelstöcken, in den Knollen und Samen. Die Stärkekörner sind in den Reservebehältern und Zellen teils einzeln in rundlich-kugeliger, länglicher, linsenförmiger oder sphäroidaler Form oder zusammengesetzt in runden, eckigen oder polyedrischen Bildungen zu finden. Sie zeigen konzentrische Wachstumsringe und führen unter Umständen charakteristische Spalten oder helle Kerne. Ihre Größe schwankt zwischen 1 und 100 μ und erreicht mitunter 200 μ.

Die Handelsstärke wird aus verschiedenen, im großen angebauten stärkereichen Kulturpflanzen durch Zerreißen des Zellgewebes, Aufschwemmen und Auswaschen der Stärke mit Wasser und Abscheiden durch Absitzenlassen oder mittels Zentrifugen gewonnen. Das erste Erzeugnis wird ein- oder mehrmals aufgeschwemmt, gewaschen und wiederum ausgeschleudert, bis eine handelsmäßige, gut gereinigte Ware erreicht ist. Diese nasse Stärke (mit 50 bis 55% Wasser) wird durch Pressen noch weiter vom Wasser befreit, in Formen gedrückt oder lose bei niedriger Temperatur getrocknet.

Die Handelsstärke bildet ein mehr oder weniger weißes, mattes bis glänzendes, farb-, geruch- und geschmackloses Pulver oder leicht zerreibliche Stücke.

Prüft man ihre Farbe durch Abstreichen auf glattem, dunklem Grunde, so erscheint sie weiß mit bläulichem, gelblichem, grauem bis rötlich grauem Stich, je nach Reinheit und Sorte. Mit heißem Wasser übergossen, entwickeln einzelne Stärkearten einen eigentümlichen Geruch. Alle Stärkesorten sind hygroskopisch, in kaltem Wasser, Alkohol und Äther unlöslich; mit Wasser erwärmt und aufgekocht, quellen die Stärkekörner, verändern ihre Struktur und ergeben zuletzt eine mehr oder weniger klare, dickliche, schleimige, klebfähige Masse, den Stärkekleister, die Auflösung der Amylose (Granulose); die Amylopektine quellen und Zellulosereste bleiben ungelöst. Die Temperatur, bei der diese Verkleisterung eintritt, ist für jede Stärkesorte verschieden, innerhalb der einzelnen Sorten sind nur geringe Schwankungen feststellbar; die Differenz im Kleisterbildungsvermögen und der Klebfähigkeit ist jedoch größer. Durch längeres Kochen mit Säuren oder Behandlung mit Fermenten (Diastase u. a.) tritt ein Abbau der Stärke zu Dextrinen, Maltose und endlich Dextrose ein.

Durch Jod wird Stärke blau bis violett gefärbt. Diese Färbung verschwindet beim stärkeren Erhitzen.

Produktions- und Handelsverhältnisse. Die wichtigsten Handelssorten sind die Weizen-, Mais-, Reis- und Kartoffelstärke, die mit Ausnahme von Reisstärke fast nur für Industriezwecke verwendet werden, dann die wiederum fast nur für Nährzwecke in Betracht kommenden, aus den Tropen stammenden Stärkesorten, wie Maranta-, Manihot-, Sago- und Curcumastärke. Diese kommen meist unter dem Sammelnamen „Arrowroot" im Verkehr vor. Für Nährmittelzwecke kommen nur die allerfeinsten Sorten in Betracht.

I. Inländische Stärkesorten

1. Weizenstärke. Die früher übliche Herstellung aus dem Vollkorn hat heute der rationelleren Gewinnung aus Mehl fast überall weichen müssen. Damit ist auch das alte saure Gärverfahren zur Auflösung des Zellgewebes wegen seiner Kleberzerstörung weggefallen und sind nur Verfahren ohne Gärung in Gebrauch.

Das mit 40% seines Gewichtes an Wasser eingeteigte Mehl wird etwa 40 Minuten der Ruhe überlassen, dann in einer Mulde unter Auswaschen mit Wasser zwischen Walzen in Stärke und Kleber getrennt, die ablaufende Stärke gesiebt, in Bottichen aufgerührt, absitzen gelassen, mehrfach mit Wasser gereinigt, ausgeschleudert und in Trockenkammern bei 45⁰ C getrocknet. Die Ausbeute an lufttrockener Stärke beträgt beim Mehlverfahren rund 60%. Das Enderzeugnis enthält höchstens 0,3% Asche und 3 Säuregrade (Kubikzentimeter 0,1 n-Lauge für 100 g). Die Verkleisterungstemperatur liegt bei 63⁰ C. Weizenstärke kommt als Brocken-, Stück- und Strahlenstärke in den Handel; Stärkemehl und Puder sind feine pulverförmige Stärke.

2. Roggen- und Gerstenstärke. Sie bilden kaum ein Handelsprodukt. Ihre Klebkraft ist geringer als die der Weizenstärke, die Verkleisterungstemperatur liegt bei 63⁰, bzw. 55⁰ C.

3. Maisstärke. Aus Mais wird in großem Ausmaß eine feine, schön weiße, bei 68⁰ C verkleisternde Stärke erzeugt. Der mechanisch gereinigte Mais wird in Bottichen mit Wasser zugestellt (unter Zusatz von schwefeliger Säure). Nach Abzug des Wassers wird das Korn gebrochen und in Separatoren Stärke und Kleie getrennt; das übrigbleibende Gemenge an Stärke, Schalen und Kleber wird fein gemahlen und durch Auswaschapparate und Schüttelsiebe sortiert. Die abfließende Stärkemilch wird über Tische geleitet, auf denen sich die Stärke absetzt, während Kleber und Faserteilchen abfließen. Die gesammelte Stärke wird gewaschen, zum Absitzen gebracht und dann die ausgehobene Stärke getrocknet.

Je nach Form kommt sie als Puder-, Strahlen- oder Perlstärke, auch in Stücken in den Handel.

4. Reisstärke. Nach dem Einweichen wird der Reis auf Mahlsteinen zerkleinert und die Stärke durch Wasser abgespült, durch Absetzen oder Zentrifugieren gesammelt, entwässert, vorgetrocknet, nach Reinigung der Oberfläche bei 30 bis 50⁰ C auf 14 bis 20% Wasser nachgetrocknet. Man unterscheidet Strahlen-, Brockenstärke und Puder. Die Verkleisterungstemperatur liegt bei 61⁰ C.

5. Kartoffelstärke. Die größte Menge der Handelsstärke wird aus Kartoffeln erzeugt. Sie bildet, vielfach Kartoffelmehl genannt, ein glattes, glänzendes, weißes, in geringem Reinheitsgrade grau- oder gelbstichiges Pulver. Für Genußzwecke kommen nur die Hochprimasorten in Frage, deren Aschengehalt 0,5% und deren Säuregrad 5 ccm 0,1 n-Lauge für 100 g nicht überschreiten soll. Sie dient auch zur Herstellung künstlichen Sagos.

II. Tropische Stärkesorten

Die tropischen Stärkesorten werden im Handel zumeist unter dem Namen „Arrowroot" ausgeboten und mit einer Herkunftsbezeichnung näher charakterisiert. Die bekanntesten sind:

6. **Cannastärke** oder auch „ostindisches Arrowroot" genannt, stammt aus dem Wurzelstocke mehrerer *Canna* Arten (*Canna edulis*); sie bildet ein weißes, grobkörniges Pulver mit mehr oder weniger rötlichem Stich. Ihr ähnelt die aus den *Zamia*-Arten stammende Stärke, auch „Queensland-Arrowroot" genannt. Unter dem Namen „ostindisches" oder auch „chinesisches Arrowroot" oder Tikmehl geht auch Curcumastärke. Sie wird gewonnen aus dem Wurzelstock von Pflanzen der Gattung *Curcuma* (*Curcuma angustifolia*, *C. leucorrhiza* und *C. rubescens*, Familie der Zingiberaceen) und erscheint als weißes, sehr feines Pulver mit orangegelbem Stich.

7. **Marantastärke** oder „westindisches Arrowroot", von *Maranta arundinacia indica* und *edulis* (aus Bermudas, St. Vincent, Jamaika), aus den fleischigen Wurzelstöcken der *Maranta*-Palme stammend, die in Tropen gezogen wird, so in Ost- und Westindien, Afrika und Australien. Sie bildet ein feines, mattweißes Pulver.

8. **Manihotstärke**, auch Mandioka, Cassava, Tapioka oder „brasilianisches Arrowroot" genannt, stammt aus den mehlreichen Wurzelknollen der der Familie der Euphorbiaceen angehörigen *Manihot utilissima Pohl*. Sie erscheint als feines, ganz lichtgelbes Pulver. Von dem giftigen Milchsaft werden die Knollen vor dem Vermahlen durch Auspressen befreit.

9. Die **Sagostärke** wird aus dem Marke der Sagopalmen gewonnen (*Metroxylon Rumphii Mart.* und *Metroxylon laevea Mart.*).

10. Für die Herstellung von Kindernährmehlen wird auch **Kastanienstärke** verwendet, aus den Früchten der echten Kastanie, *Castanea vesca Gaert.*, gewonnen; sie bildet ein feines weißes Pulver aus einfachen Körnern.

Geringe Bedeutung haben die aus den Knollen von *Arum*-Arten stammende Arumstärke, dann die *Dioscorea*-Stärke und Guyana-Arrowroot, aus den Wurzelknollen der *Yams*-Arten gewonnen, die Batatenstärke, ebenfalls als brasilianisches Arrowroot bezeichnet, das Tahiti-Arrowroot oder die Taccastärke, die Bananen- oder Musastärke, die Caryotstärke, endlich Conophyllus- und Artocarpusstärke.

2. Probeentnahme

Eine sorgfältig durchgemischte Probe aus einem größeren Muster der verschiedenen Partien im Ausmaße von 200 g ist zur Überprüfung vorzulegen.

3. Untersuchung

a) Chemische Untersuchung

Diese beschränkt sich auf folgende Bestimmungen:

1. **Wasser**: Trocknen bei 105^0 C durch $2^1/_2$ Stunden, bei Stärke mit mehr als 20% Wasser ist Vortrocknen bei niedrigerer Temperatur notwendig.

2. **Asche**: 5 g der Probe werden in üblicher Weise verascht.

3. **Zellulose**: 10 g Stärke werden aufgeschlämmt, mit Salzsäure verzuckert, die ungelösten Anteile auf dem Filter gesammelt, getrocknet und gewogen. Gut gereinigte Stärke soll nicht mehr als 0,3% Zellulose enthalten.

4. **„Stippen"** (Kohle-, Ruß- und Schalenteilchen): Eine Probe wird auf Papier ausgebreitet, glattgestrichen und mit einer Glasplatte von bekannter Größe (Zählplatte) bedeckt. Die Zahl der unter der Zählplatte sichtbaren „Stippen" soll auf 1 qdm umgerechnet nicht mehr als 100 sein.

5. **Säure**: 20 g Stärke, aufgeschlämmt in 100 ccm Wasser, werden mit 0,1 n-Lauge (Phenolphtalein als Indikator) titriert.

b) Mikroskopische Untersuchung

I. Einheimische Stärke

1. **Weizenstärke** zeigt Groß- und Kleinkörner; erstere sind linsenförmig, in der Aufsicht rundlich, mit geschweifter Umrißlinie, der Zentralkern ist meist nicht deutlich sichtbar, Kernspalten selten; Größe meist 30 bis 40 μ; Kleinkörner kugelig bis eiförmig, auch abgerundet eckig, wenn sie von zusammengesetzten Körnern stammen, Durchmesser bis zu 10 μ.

2. **Roggenstärke** ähnelt der Weizenstärke, zeigt vielfach größere Großkörner (bis zu 60 μ), auch wulstig verdickte Formen. Auffallend ist die mehrfach auftretende, mehrstrahlige Kernspalte. Auch die Körner der **Gerste** sind nicht stark verschieden, zumeist kleiner im Durchmesser, mit länglicher, selten strahliger Kernspalte oder punktartigem Kern.

3. **Maisstärke**. Die Stärkekörner des Hornendosperms und die des Mehlendosperms sind unterschiedlich, erstere sind scharfkantig, isodiametrisch, meist mit zentralem Kern oder strichförmiger bis mehrstrahliger Kernspalte, letztere sind kugelig bis gestreckt, mit weitem, zackigem Spalt, auch unterschiedlich je nach der Maissorte.

4. **Reisstärke**. Scharfkantige Polyeder, 3- bis 6-eckig, auch spitzwinkelig, selten rundlich. Die den Reis bildenden zusammengesetzten Körner kommen in der Handelsware nur mehr selten vor.

5. **Kartoffelstärke**. Große Körner mit deutlicher Schichtung um einen exzentrischen Kern, der am schmäleren Ende liegt, selten ein ein- oder mehrstrahliger Spalt; die Form ist stark unregelmäßig, mehrseitig gerundet, keil- bis eiförmig, kleinere Körner sind auch rundlich aus zwei oder drei Körnern zusammengesetzt, dann aber weniger gut geschichtet.

II. Tropische Stärke

6. **Marantastärke** zeigt vielgestaltige, rundliche bis eiförmige, ovale und birnförmige, auch eckige, spindel- und keulenförmige Körner mit deutlichem, exzentrisch gelegenem, einfachem bis mehrstrahligem Kernspalt und weist stark unterschiedliche Größen auf, die zwischen 9 und 50 μ schwanken.

7. **Curcumastärke** wird aus einfachen Körnern gebildet, die flach scheibenförmig, in der Seitenansicht wurstartig erscheinen. In der Flächenaufsicht sind die Formen spachtel-eiförmig und elliptisch, länglich, recht- oder dreieckig und sackähnlich mit exzentrischem Kern an der Schmalseite, bis zu 70 μ groß.

8. **Cannastärke** besteht aus sackartigen, keulen- bis birnförmigen oder nierenförmigen Körnern mit stets exzentrischem, zuweilen doppeltem Kern am schmäleren Ende, das oft eingezogen oder ausgestülpt ist. Die Schichtung ist meist sehr grob gezeichnet, Kernspalten fehlen.

9. **Manihotstärke** bildet ein wichtiges Nahrungsmittel in den Tropen (Cassava). Die Körner sind zu zwei oder drei zusammengesetzt, in der Handelsware zerfallen, rund bis paukenähnlich mit zentralem, punkt- bis sternförmigem Kern und undeutlicher Schichtung; Größe bis zu 35 μ. Sie bildet die Grundlage für die Handelstapioka, indem sie gekörnt und über freiem Feuer erhitzt wird.

10. **Sagostärke** besteht aus einfachen, großen und zusammengesetzten Körnern. Die Einzelkörner sind gestreckt bis rund, mit exzentrischem Kern und zwei bis mehrstrahliger Spalte.

11. **Kastanienstärke** besteht vorwiegend aus einfachen Körnern, seltener Zwillingen oder Drillingen; die Formen sind ganz unregelmäßig, doch zeigen sich einige typische Körner mit warzenförmiger oder buckliger Oberfläche. Größere Körner haben einen einfachen oder mehrstrahligen Kernspalt, seltener rundlichen, exzentrischen Kern. Die Schichtung ist meist ganz undeutlich ausgeprägt. Die Größe schwankt zwischen 1,5 bis 25 μ.

4. Beurteilung

Gesundheitsschädlich ist zum menschlichen Genuß bestimmte Stärke, welche nicht vollkommen rein und soweit als technisch möglich säurefrei ist oder welche schädliche Schwermetalle oder Bleichmittel enthält. Der Zusatz von Beschwerungsmitteln gilt als Verfälschung, ebenso der Zusatz fremder organischer Stoffe und Farbstoffe, desgleichen der Zusatz von minderwertvoller zu höherwertiger Stärke. Verschimmelte oder leicht verunreinigte Stärke ist als verdorben, eventuell auch als gesundheitsschädlich zu erklären.

Unrichtige Herkunfts- oder Artbezeichnung ist als falsche Bezeichnung zu beurteilen.

5. Regelung des Verkehres
Es ist auf absolute Reinlichkeit im Verkehre mit Stärke zu sehen.

6. Verwertung beanstandeter Waren
Für Genußzwecke nicht brauchbare Stärke ist technisch immer noch verwertbar.

Experten: *F. Kasparek*, Direktor *L. Kornis*, *H. Schleißner*, Börserat *G. Stumpf*.

XXXVIII.
Hefe

Referent: Hofrat Dr. *Otto Czadek*
(Versuchsanstalt für Müllerei, Bäckerei, Hefeerzeugung und verwandte Gewerbe)

Für den Verkehr mit Hefe kommen vom Standpunkte der Nahrungsmittelkontrolle insbesondere folgende Vorschriften in Betracht:
1. Das „Lebensmittelgesetz" vom 16. Jänner 1896, RGBl. Nr. 89 vom Jahre 1897.
2. Die Ministerialverordnung vom 10. August 1926, BGBl. Nr. 248, betreffend den Verkehr mit Hefe. Den Bestimmungen dieser Verordnung zufolge dürfen Gemische von Preßhefe und Bierhefe sowie Gemische von Preßhefe oder Bierhefe mit Stärke nicht in Verkehr gesetzt werden und darf Trockenhefe, der andere Stoffe zugesetzt sind, unter keiner anderen Bezeichnung als „Mischhefe" in Verkehr gesetzt werden; dieser Bezeichnung dürfen nur wahrheitsgetreue Angaben über ihre Zusammensetzung beigefügt werden.

1. Beschreibung

Die Hefe oder „Germ" des Handels, welche die Fermente der alkoholischen Gärung enthält, gehört der Gattung Saccharomyces (Fam. Saccharomycetes, Sproßpilze; Ordnung Ascomycetes, Schlauchpilze) an. Für die Bereitung der Backwaren kommen nur zwei durch die Kultur entstandene Hauptrassen, die Oberhefen und die Unterhefen, in Betracht, die früher als besondere Art Saccharomyces cerevisiae *Meyen* zusammengefaßt wurden. Gegenwärtig bezeichnet man nur Saccharomyces cerevisiae *E. Cgr. Hansen* als die Art, der die Preßhefe und Bierhefe zuzuzählen sind.

Eigenschaften: Die Hefezellen haben einen körnigen, je nach den Wachstumsverhältnissen mehr oder weniger von Vakuolen durchsetzten Inhalt, eine gewöhnlich durchsichtige Hülle und meist eine rundliche oder ovale Form mit einem Längsdurchmesser von etwa $10\,\mu$; sie treten isoliert oder in kleineren Zellverbänden auf. Die Oberhefe besteht ursprünglich aus vorwiegend kurzovalen oder birnförmigen

Zellen, die bei der Vermehrung zu mehrzelligen, meist aus 6 bis 12 Zellen bestehenden Sproßverbänden auswachsen. Diese Verbände lassen sich bei der gewöhnlichen Art der Untersuchung allerdings meist nicht mehr erkennen. Die Oberhefe wird in den Fabriken bei 15 bis 32⁰ C innerhalb 2 bis 3 Tagen zur Entwicklung gebracht. Die Unterhefe ist bei niedrigen Temperaturen, etwa 4 bis 10⁰ C, gewachsen und wenn sie in den Verkehr gelangt, meist 8 bis 10 Tage alt. Ihre Zellen sind rundlich oder oval, gewöhnlich isoliert oder paarig und treten nur selten in größeren Verbänden auf.

Die Hefe enthält im allgemeinen 72 bis 75% Wasser und, auf Trockensubstanz berechnet, 40 bis 60% Rohprotein. Oberhefe ist reicher an Fett als Unterhefe; in der letzteren finden sich von der Gewinnung herrührende Bitterstoffe, darunter Hopfenharz. Ober- und Unterhefe verhalten sich gegen Melitriose (Raffinose) verschieden (S. 34), können aber wahrscheinlich unter gewissen Bedingungen ineinander übergeführt werden.

Produktions- und Handelsverhältnisse. Im Handel unterscheidet man: ,,Preßhefe" und ,,Bierhefe". Überdies kommt ,,Trockenhefe", wenn auch in geringen Mengen, in Verkehr.

Preßhefe ist die Bezeichnung für eine Oberhefe, die in großem Umfange planmäßig gezogen wird und einen wichtigen Handelsgegenstand bildet. Ihre Herstellung erfolgt auf verschiedene Art. Bei dem älteren ,,Wiener Verfahren" verarbeitet man meist ungefähr gleiche Mengen von Darrmalz, Roggen und Mais, doch kann man den Mais auch ganz weglassen, das Darrmalz vollständig oder teilweise durch eine entsprechende Menge Grünmalz und den Roggen zum Teil durch andere, stickstoffreichere Fruchtgattungen ersetzen. Die Materialien gelangen bis auf das Grünmalz trocken zur Verwendung und werden in Schrottmühlen zerkleinert. Das Grünmalz verreibt man mit Wasser auf ,,Quetschen". Die angestellten Maischen gelangen samt den Trebern zur Gärung. Das erzielte Endprodukt wird als Schaum von der Oberfläche der gärenden Maische abgeschöpft und einerseits durch Absieben von den mitgerissenen Trebern, anderseits durch mehrmaliges Dekantieren mit Wasser von der Würze befreit. Diese Hefe ist die ,,Wiener Hefe", die mit Rücksicht auf die Verwendung größerer Mengen Roggens als Rohmaterial auch die Bezeichnung ,,Kornspritheefe" führt. Das zweite Verfahren, allgemein ,,Würzeverfahren" genannt, das rasch sehr große Verbreitung erlangt hat, sucht die gesamte, in der Würze gebildete Hefe zu gewinnen, während bei dem ,,Wiener Verfahren" ein nicht unbedeutender Teil derselben in der gärenden Maische zurückgehalten wird. Es geht vom Grünmalz oder Darrmalz aus Gerste oder aus Mais und von ungekeimtem, gedämpftem Mais neben geringen Mengen von Roggen oder Kartoffeln als Rohmaterial aus. Wenn die Filtration es erfordert, werden Malzkeime oder Kleie beigemengt. Die Gärung und Hefebildung fördert man hier während des ganzen Prozesses durch

Einblasen von Luft und trennt schließlich die Hefe durch Absetzenlassen oder Zentrifugieren von der Würze. Für beide Arten von Preßhefe, die „Wiener Hefe" und die „Würze-" oder „Lufthefe" sind die Bezeichnungen „Getreidepreßhefe", „Spiritushefe", „Spirituspreßhefe" und „Fruchthefe" handelsüblich. Auch Melasse wird im großen Maßstabe verarbeitet, wobei stickstoffhaltige Extrakte den nötigen Nährstoff liefern müssen. Die nach diesem Verfahren gewonnene Preßhefe heißt, wenn sie überwiegend aus Maismalz oder Melasse hergestellt worden ist, wohl auch „Maishefe" oder „Melassehefe".

Die normale Preßhefe schmeckt rein säuerlich, riecht angenehm, fast weinartig, und erscheint auf glattgestrichener Fläche einheitlich chamois gefärbt. Beim Aufschwemmen in Wasser setzt sie sich nur langsam ab und liefert einen Bodensatz, der sich leicht wieder aufrühren läßt, das heißt, sie ist „staubig". Nur ganz ausnahmsweise gelangt Preßhefe mit anderen Eigenschaften, z. B. in flockenartiger Bindung, in den Verkehr.

Die Bierhefe ist bei uns ausschließlich Unterhefe, die sich in der Brauerei als Abfallprodukt ergibt. Soll sie dem Konsum zugeführt werden, so wird sie einer Reinigung unterzogen, die in wiederholtem Waschen mit gewöhnlichem oder leicht angesäuertem Wasser und Abpressen besteht. Nicht gewaschene und daher mehr oder weniger bittere Bierhefe eignet sich für viele Zwecke des Haushaltes nicht. Die gereinigte Bierhefe schmeckt je nach der Behandlung, die sie erfahren hat, mehr oder weniger bitter-säuerlich und färbt sich nach kurzem Lagern, namentlich an den Rändern rötlich bis rot. Nicht selten erkennt man auf der glattgestrichenen Oberfläche eine größere oder geringere Zahl schwarzer Punkte, die aus Hopfenharz bestehen. Die Bierhefe ist niemals „staubig" wie die Preßhefe, sondern „flockig", das heißt, sie liefert beim Aufschwemmen rasch einen aus Flocken zusammengesetzten, festen Bodensatz. Sie kommt hauptsächlich in gepreßtem Zustande, als „gepreßte Bierhefe", in den Handel.

Die für die praktische Brauchbarkeit der Hefe im allgemeinen entscheidenden Merkmale sind die Frische und Gesundheit, die Gär- und Triebkraft, die Haltbarkeit und die Reinheit.

Frische und gesunde Hefe riecht weder sauer noch faulig und soll nicht „warm" sein, eine Erscheinung, die vor allem bei zu trockener Hefe leicht auftritt. Sie muß einen kräftigen Trieb haben, wovon bei Besprechung der Gärkraft die Rede sein wird, und darf keinen Fehler aufweisen.

Die häufigsten Hefefehler sind: a) Säuerung, hervorgerufen durch Essigsäurebakterien. b) Erweichung und Fäulnis, die von einer Infektion mit Bakterien herrühren oder mit der Selbstauflösung der Hefe zusammenhängen. Die Fäulnisprozesse werden stets von der Bildung übelriechender Gase begleitet. c) Verschimmelung, die sich besonders im Auftreten weißer oder grüner, durch die Entwicklung des an sich allerdings harmlosen Schimmelpilzes der Milch, Oidium lactis *Fresenius*, oder durch die des grünen Pinselschimmels, Penicillium crustaceum L. (P. glaucum *Link*.), verursachter Pilzrasen äußert. d) K a h m, eine Krankheit, die in der übermäßig starken Vermehrung des Pilzes Saccharomyces mycoderma *Reess*. (Mycoderma cerevisiae *Desm.*) besteht, dessen lange, walzenförmige oft in Sproßverbänden auftretende Zellen sehr kennzeichnend sind; ihre Menge darf höchstens 10 Zählprozente, bezogen auf die Zahl der vorhandenen Hefezellen betragen. e) B l a u f ä r b u n g. Die blaue Hefe nimmt beim Lagern unter dem Einfluß der Luft an der Oberfläche, seltener in den tieferen Schichten, eine blaue und daher unansehnliche Farbe an. Der Gebrauchswert der Ware wird durch diese Veränderung nicht herabgesetzt. Als Ursache der Farbstoffbildung sieht man teils die Verwendung eiserner Arbeitsgefäße, teils die Verarbeitung von Malz mangelhafter Beschaffenheit an. Endlich f) U n r e i f e. Hefe, die nicht ordentlich gereift ist, hat eine graue Farbe, trocknet schlecht, läßt sich schwer auspressen und verdirbt rasch.

Unter ,,Gärkraft'' im weitesten Sinne versteht man die Eignung der Hefe, die ihr beim Backprozeß zufallende Aufgabe der Lockerung des Teiges zu erfüllen. Weil diese Aufgabe eine rein praktische ist, wurde der Versuch gemacht, die Gärkraft auf Grund des Verlaufes eines praktischen Backversuches zu beurteilen (S. 32). Hefe, die bei diesem Verfahren eine Gärzeit von mehr als 100 Minuten aufweist, hat als minderwertig zu gelten. Angesichts der Schwierigkeit, ein wichtiges Merkmal auf das Verhalten der Hefe bei einer Operation zu gründen, die immerhin recht umständlich und nur schwer einheitlich zu gestalten ist, hat man sich schon früher bemüht, ein handlicheres Maß in Gestalt der ,,Gärkraft'' im engeren Sinne zu finden. Man definiert sie als die zuckerspaltende Kraft der Hefe innerhalb eines bestimmten Zeitraumes und verwendet sie — allerdings nicht in vollem Einklange mit der praktischen Erfahrung des Bäckereibetriebes — zur Gewinnung eines bestimmten Anhaltspunktes bezüglich der Güte und Natur der Hefe, was namentlich in der Fabrikskontrolle von Wert sein kann.

Die von der Hefe aus einer bestimmten Zuckermenge bei 30^0 C in den ersten 30 Minuten gebildete Kohlensäuremenge nach der Methode von *Kusserow* (S. 33) ist entscheidend für die ,,Triebkraft'', jene in der zweiten halben Stunde für die ,,Dauerhaftigkeit des Triebes'' und der in der dritten halben Stunde erhaltene Wert für die Beurteilung der ,,Gärkraft im allgemeinen''. Die Triebkraft einer Hefe ist als entsprechend zu bezeichnen, wenn die Hefe in der ersten halben Stunde etwa 30 ccm Kohlensäure entwickelt. In der zweiten halben Stunde muß die Menge der gebildeten Kohlensäure etwa 150 ccm und zwischen 60 und 90 Minuten etwa 250 ccm betragen. Die Verschiedenheit in der Natur der Hefe tritt deutlicher hervor, wenn man die Gärkraft bei höherer Temperatur (etwa bei 45^0 C) beobachtet. Preßhefe zersetzt dann größere Zuckermengen als bei 30⁰ C, während die Tätigkeit der Bierhefe ganz bedeutend herabgesetzt wird. Bei der Gärkraftbestimmung nach *Meissl*[1]) bestimmt man die Menge der aus der Hefenährlösung abgespaltenen Kohlensäure aus dem Gewichtsverlust. Gute Hefe soll nach dieser Methode eine Gärkraft von mindestens 70% haben.

Bezüglich der Haltbarkeit sei bemerkt, daß Hefe, die bei 30⁰ C schon nach 24 Stunden faulig oder sauer riecht, Schimmelbildung zeigt, Schwefelwasserstoff entwickelt oder weich geworden ist, als nicht haltbar und eine solche, bei der diese Erscheinungen nach 48 Stunden auftreten, als wenig haltbar bezeichnet werden muß. Normale Hefe verändert sich auch nach 48 Stunden nicht, sondern erst später. Geringe Haltbarkeit ist eine besondere Eigentümlichkeit der Bierhefe. Es hängt dies damit zusammen, daß der Gärprozeß bei der Preßhefefabrikation bei höherer Temperatur geführt wird. Hiebei gehen die der Selbstauflösung leichter unterliegenden Heferassen zugrunde, während sie unter den wesentlich verschiedenen Bedingungen des Brauprozesses in ihrer Entwicklung nicht gehemmt, sondern gefördert werden. Auch gelangt die Preßhefe im Alter von 2 bis 3 Tagen, die Bierhefe dagegen erst nach 8 bis 10 Tagen auf den Markt.

Was die Reinheit der Hefe betrifft, ist zu bemerken, daß sich auch in der besten Preßhefe geringe Mengen Stärke, aber niemals mehr als zwei Prozente vorfinden. Sie rühren von den Rohmaterialien her. Weil das Inverkehrsetzen von Gemischen aus Preßhefe und Bierhefe oder von Hefe aller Art (mit Ausnahme von Trockenhefe, s. S. 30) mit Stärke verboten ist (S. 25), darf Preßhefe keinen Zusatz von Bierhefe oder Stärke, Bierhefe keinen solchen von Preßhefe oder Stärke erhalten. Solche Gemische sind im Sinne der Ministerialverordnung vom 10. August 1926, BGBl. Nr. 248 als gesundheitsschädlich anzusehen, weil in solchen Gemischen die schlechte Beschaffenheit der leichter zersetzlichen Bestandteile unter Umständen verdeckt werden kann. Der Gebrauch von Streckungsmitteln — außer Stärke — ist bei Hefe bisher nicht beobachtet worden, wohl aber kommen immer wieder, namentlich in der wärmeren Jahreszeit, Versuche vor, Konservierungsmittel zu verwenden, zum Beispiel Borsäure, Benzoesäure, Flußsäure, Formaldehyd und dergleichen. Solche Zusätze zur Hefe sind unstatthaft, aber es unterliegt keinem Anstande, bei der Zubereitung der Hefe für den Verkauf, also bei der Reinigung der Gefäße und beim Waschen der Hefe mit geringen Mengen schwacher Borsäurelösungen u. dgl. zu arbeiten, wenn man dafür Sorge trägt, daß die Borsäure aus der Hefe bis auf Spuren wieder entfernt wird.

Unter „Hefe" schlechtweg versteht man reine Preßhefe. Die Verpackung der Preßhefe geschieht in prismatisch geformten Paketen, in Kisten, in Kübeln, in Säcken oder in Fässern, in denen die Ware gepreßt wird.

---
[1]) Zeitschrift für Spiritusindustrie 1883, 933 und 1884, 129.

Die Preßhefe wird meist zur Herstellung von Backhefe verwendet oder auf medizinischen Zwecken dienende Produkte verarbeitet. Bierhefe wird entweder nach erfolgter Entbitterung auf Speisehefe oder direkt auf Futterhefe verarbeitet.

Neben der frischen Hefe kommt auch Trockenhefe in den Handel, die entweder aus Preßhefe oder aus Bierhefe erzeugt wird. Die Preßhefe wird unter Schonung der Fermente bei niederen Temperaturen vorsichtig getrocknet, während die Bierhefe meist auf Walzenapparaten getrocknet wird.

Soweit die aus Preßhefe hergestellte Trockenhefe als Ersatz für die Frischhefe in Betracht kommt, findet sie in Gegenden Verwendung, wo die Beschaffung der frischen Hefe auf Schwierigkeiten stößt oder ganz undurchführbar ist (Tropenhefe). In bezug auf ihre Gärkraft können an Trockenhefe, die ein Spezialprodukt für besondere Zwecke ist, nicht dieselben Anforderungen gestellt werden, wie an frische Hefe. Die Speisetrockenhefe muß, um haltbar zu sein, einen niederen Wassergehalt haben, sie darf nicht unangenehm fremdartig riechen und schmecken und darf nicht überhitzt sein. Knollen- und Klumpenbildung ist ein Zeichen schlechter Ware. Werden der Trockenhefe andere Stoffe, z. B. Stärke, zugesetzt, so darf dieses Erzeugnis nur unter der Bezeichnung „Mischhefe" in Verkehr gesetzt werden. Nähere Kennzeichnungen derartiger Mischungen müssen hinsichtlich der Zusammensetzung wahrheitsgetreu sein (s. S. 25).

2. Probeentnahme

Zur Untersuchung geformter Hefe genügt, wenn die Ware nicht auffallende Verschiedenheiten in der Beschaffenheit aufweist, die Einsendung eines Originalpaketes. Bei Kisten- oder Faßpackung kann man sich zur Probeentnahme eines Probenstechers bedienen oder einen Teil der an verschiedenen Stellen des Behälters entnommenen und gut durchgemischten Proben, mindestens aber 200 g einsenden. Als Behälter sind gut schließende Glasgefäße zu verwenden, in denen die Proben fest eingepreßt werden. Bei der Versendung und vor der Inangriffnahme der Untersuchung ist auf die hohe Empfindlichkeit der Hefe gegen Temperatureinflüsse gebührend Rücksicht zu nehmen.

Bei Trockenhefe erfolgt die Probeentnahme in der üblichen Weise, wobei von Tropenhefe tunlichst Originalpackungen zu entnehmen sind.

3. Untersuchung

a) Sinnenprüfung

Die Prüfung durch die Sinne leistet bei der Beurteilung der Art, Gesundheit und Frische der Hefe vorzügliche Dienste; sie stützt sich auf die äußeren Unterscheidungsmerkmale zwischen den einzelnen

Hefesorten (S. 26) einerseits und zwischen den gesunden und kranken oder fehlerhaften Hefen (S. 27) anderseits.

Die Preßhefen sowie die Trockenhefen für den Bäckereibetrieb und auch die Speisehefen müssen im Geruch und Geschmack rein sein.

b) Mikroskopische Untersuchung

Die mikroskopische Untersuchung gibt nicht nur über etwa in der Hefe vorhandene organisierte fremde Verunreinigungen, sondern auch über den Reifezustand (S. 29) rasch und sicher Aufschluß. Die reife Hefe besteht vorwiegend aus gleichmäßig entwickelten Zellen mit meist scharf ausgeprägten Vakuolen, während die unreife Hefe neben den vollkommen ausgewachsenen Zellen noch weniger entwickelte und auch noch im Sproßverbande stehende Tochterzellen in größerer Menge aufweist. Tote Hefe läßt sich von lebender mikroskopisch durch ihr Verhalten gegen Farbstoffe unterscheiden. Zu diesem Behufe versetzt man eine geringe Menge des zu prüfenden Materials mit wässerigen Lösung von Methylenblau, verdünnt nach einigen Sekunden mit etwas Zuckerwasser und spült ab. Die toten Hefezellen nehmen den Farbstoff auf, während die lebenden Zellen ungefärbt bleiben.

c) Chemische Untersuchung

1. Wasser

Etwa 10 g ausgeglühtes Bimssteinpulver und ein kurzer Glasstab werden in einem Trockenglase gewogen, 10 g Hefe hinzugefügt und möglichst gut mit dem Bimssteinpulver vermengt. Man trocknet hierauf zwei Stunden lang bei ungefähr 60° C und schließlich bei 105° C bis zur Gewichtskonstanz.

2. Stärke

Der qualitative Nachweis der Stärke ist mit Hilfe des Mikroskops und bei Gegenwart einigermaßen bedeutender Mengen auch makroskopisch durch die Jodreaktion leicht zu erbringen. Schwieriger gestaltet sich die quantitative Bestimmung, der stets ein mehr oder weniger großer Fehler anhaftet. Letzterer beträgt sowohl bei der volumetrischen Schätzung als bei der gewichtsanalytischen Methode, freilich aus verschiedenen Ursachen, bis zu 5%.

a) Volumetrische Schätzung im „Amylometer" nach *Neumann-Wender*[1])

Das Amylometer besteht aus einer Handzentrifuge mit kalibrierten Sedimentiergläsern. Diese Sedimentiergläser sind empirisch derart

---

[1]) Österr. Brennereiztg. 1903, S. 49.

geteilt, daß die Ablesung unmittelbar den Gehalt an „Kartoffelstärke mit 20% Wasser" anzeigt. 1 g Hefe wird in ein Proberohr gebracht, mit 10 ccm Wasser und 1 ccm Jodlösung (10 g Jod in 90 ccm Alkohol von 95 Volumprozenten) versetzt, entsprechend gemischt und in das Sedimentierglas gefüllt. Man spült das Proberohr mit 5 ccm Wasser nach, setzt nach dem Verschließen des Sedimentierglases die Zentrifuge in Gang und zentrifugiert 3 Minuten lang. Es tritt eine Scheidung in zwei Schichten ein, deren untere die durch die Jodlösung blau gefärbte Stärke ist.

b) Gewichtsanalytische Bestimmung

5 g Hefe werden mit 25 ccm einprozentiger Milchsäure und 30 ccm Wasser in einem Metallgefäß verrührt, bedeckt, $2^1/_2$ Stunden lang bei $3^1/_2$ Atmosphären im Dampftopf erhitzt, dann in einen 250 ccm-Kolben gespült, aufgefüllt und filtriert. Man erwärmt hierauf 200 ccm des Filtrats mit 20 ccm Salzsäure vom spezifischen Gewichte 1,1 während $2^1/_2$ Stunden im Wasserbade, mit einem aufgesetzten Glasrohr als Rückflußkühler, neutralisiert nach dem Erkalten mit Natronlauge und bringt auf 250 ccm. In 25 ccm dieser Lösung wird die Zuckerbestimmung nach *Allihn-Meißl* ausgeführt. Die hiebei gefundenen Werte ergeben mit 0,9 multipliziert, den Gehalt an Stärke.

Absolut genau ist diese Methode nicht, weil nicht bloß aus der Stärke, sondern auch aus geringen Mengen in der Hefe enthaltener Kohlehydrate *Fehling*sche Lösung reduzierende Stoffe gebildet werden. Man kann aber den durch diesen Umstand bedingten Fehler verringern, wenn man die Hefe durch Auswaschen von der Stärke befreit, mit der stärkefreien Hefe eine Parallelbestimmung ausführt und den erhaltenen Zuckerwert in Abzug bringt.

3. Gärzeit

Die Gär- (Trieb-) Kraft wird nach der vom Verbande der Preßhefefabrikanten Deutschlands ausgearbeiteten Methode,[1]) der sogenannten „Verbandsmethode", bestimmt, und zwar wie folgt:

5 g Hefe, 160 ccm einer auf 30° C vorgewärmten Lösung, welche im Liter 25 g chemisch reines Kochsalz enthält, sowie 280 g reines, gut backfähiges Weizenmehl einer vorgeprüften Type, das zuvor mindestens eine Stunde bei 36° C gestanden hat, werden in die Knetschale einer Knetmaschine gegeben und genau 5 Minuten mechanisch geknetet. Hierauf wird der Teig herausgenommen, in etwa Halbkugelform in die vorher ausgefettete Blechbackform gebracht, das zugehörige Stäbchen über die Form gelegt und im Thermostaten bei 35° C genau die Zeit beobachtet, welche der Teig nötig hat, um das Stäbchen — d. i. eine Höhe von 70 mm — zu erreichen. Die zu verwendende Back-

---

[1]) Brennereiztg. 1924, Nr. 1630.

form hat eine Grundfläche von 140:90 mm, eine obere Weite von 150:100 mm, bei einer Seitenlänge von 84 mm. Die Gärzeit rechnet man von der Minute an, in welcher die Hefe und Salzlösung mit Mehl in die Knetschale gebracht wurden. Gute Backhefen brauchen hiezu 80 bis 90 Minuten.

4. Gärkraft

Nach *Kusserow*[1]) verfährt man wie folgt: Man löst 40 g ungebläuten Zuckers in destilliertem Wasser und verdünnt die Lösung auf 400 ccm. 10 g Hefe werden mit dieser auf etwa 30° C vorgewärmten Zuckerlösung in einer Reibschale verrieben und darnach in die Gärflasche des *Kusserow*schen Apparates gebracht. Die Reibschale wird mit der Zuckerlösung ausgespült und der Rest der Lösung zugefügt. Man stellt dann die Gärflasche in ein Wasserbad von 30° C und notiert die Zeit. Hierauf wird der zu etwa vier Fünftel mit Wasser gefüllte Kugelaufsatz, der das Übersteigrohr trägt, aufgesetzt und unter dieses der Meßzylinder gestellt. Nach je 30 Minuten ist die übergetretene Wassermenge abzulesen. Das Volumen des abfließenden Wassers entspricht dem der jeweilig gebildeten Kohlensäure. Alle Rauminhalte sind auf Zimmertemperatur zu beziehen.

5. Konservierungsmittel

a) Borsäure

30 g Hefe werden unter Zusatz von Kalkmilch verascht und die Asche mit konzentrierter Schwefelsäure und Methylalkohol auf Borsäure (grüne Flammenfärbung) geprüft.

b) Fluor

Man übergießt annähernd 200 g Hefe mit heißem Wasser, filtriert ab, versetzt das bis zum Kochen erhitzte Filtrat mit Kalkwasser, seiht den Niederschlag durch Leinwand ab, preßt die Masse aus, bringt sie in eine Platinschale, trocknet, glüht und pulvert. Hierauf wird der Rückstand mit drei Tropfen Wasser verrührt und mit 1 ccm konzentrierter Schwefelsäure übergossen und die Schale mit einem Uhrglas bedeckt, welches mit Wachs oder Paraffin überzogen ist, in welches Zeichen eingeritzt werden (Glasätzmethode).

c) Formaldehyd

Man übergießt etwa 100 g Hefe mit kaltem Wasser und destilliert vom Filtrat ein Viertel ab. 10 ccm des Destillats werden mit einigen Kubikzentimetern Milch oder mit einigen Tropfen Peptonlösung und einer konzentrierten, eine Spur Eisenchlorid enthaltenden Schwefelsäure versetzt. Bei Gegenwart von Formaldehyd tritt Blau- oder Violettfärbung auf.

---

[1]) Mitteilungen für Kornbrennerei und Preßhefefabrikation 1903, Nr. 7.

6. Prüfung der Haltbarkeit

Annähernd 100 g Hefe werden in ein passendes Glas fest eingepreßt und mit Filtrierpapier überdeckt, das mit Bleiessiglösung getränkt ist. Man bringt das Glas in einen konstant auf 30° C gehaltenen Brutschrank und sorgt dafür, daß das Filtrierpapier feucht erhalten wird. Nach 24 und 48 Stunden ist der Geruch zu prüfen und festzustellen, ob Schimmelbildung oder die Entwicklung von Schwefelwasserstoff eintritt, und wie sich die Hefe im allgemeinen bei dieser Temperatur verhalten hat.

7. Nachweis von Bierhefe neben Preßhefe

Eine quantitative Bestimmung der Bierhefe in Gemischen von Bierhefe und Preßhefe ist derzeit nicht durchführbar. Der qualitative Nachweis der Bierhefe kann jedoch sowohl auf analytischem als auf biologischem Weg (S. 35) erbracht werden.

Die analytische Methode beruht auf dem verschiedenen Verhalten von Ober- und Unterhefen gegen Melitriose (Raffinose). Beide Hefearten spalten die Melitriose in Fruktose und Melibiose, aber nur die Unterhefen sind imstande, die Melibiose abzubauen und zu vergären.

Man verfährt wie folgt:

a) Vorprüfung nach *Herzfeld*[1])

10 ccm einer einprozentigen Melitrioselösung werden mit 1 g Hefe gut gemischt und in das *Einhorn*sche Gärungssaccharometer so eingefüllt, daß keine Luftblasen mitgehen. Man schließt durch einen Tropfen Quecksilber den offenen Schenkel ab und überläßt die Flüssigkeit bei 30° C 24 Stunden lang der Gärung. Die gleiche Probe wird mit einem Gemenge von 1 g Hefe und gekochtem, destilliertem Wasser an Stelle der Melitrioselösung durchgeführt und die hiebei entwickelte Kohlensäure von der bei Verwendung von Melitrioselösung erhaltenen in Abzug gebracht. Beträgt die Differenz bei einem 5 ccm fassenden Gärungskölbchen etwa 2 bis 2,5 ccm, so ist die Probe als rein zu bezeichnen. Zwischen 2,5 ccm und 4,5 ccm sind Zweifel berechtigt, ob die geprüfte Hefe rein oder verfälscht war. Beträgt die Differenz aber mindestens 4,5 ccm, so kann man den Nachweis einer Mischung mit Bierhefe als erbracht ansehen.

b) Prüfung nach *Bau*[2])

0,4 g Hefe werden in einem Reagensglas mit 10 ccm einprozentiger Melitrioselösung versetzt und gemischt. Man verschließt das Röhrchen mit reiner Watte, überläßt die Flüssigkeit während 24 Stunden bei 30° C der Gärung, filtriert, versetzt 3 ccm des Filtrates mit 1 ccm *Fehling*scher Lösung und stellt das Reagensglas auf 5 Minuten in

---

[1]) Bonner Brennereiztg. 1895, Nr. 12.
[2]) Ztschr. f. Spiritusindustrie 1895, S. 372.

kochendes Wasser. Bleibt die Flüssigkeit nach dieser Zeit blau, so ist dies ein Beweis, daß die Hefe Bierhefe enthält. Die Prüfung des Verhaltens der Hefe nach 48 und 72 Stunden gibt keine sicheren Anhaltspunkte für die Beurteilung des Mischungsverhältnisses zwischen Preßhefe und Bierhefe und kann daher unterbleiben. Auch sei ausdrücklich betont, daß sich ältere Preßhefen bei der Prüfung nach *Bau* unter Umständen wie Unterhefen verhalten, ein Übelstand, der in den meisten Fällen durch Waschen der Hefe und stets durch Umgären behoben werden kann. Man bedient sich in solchen Fällen des im nachstehenden zu beschreibenden Verfahrens von *Kusserow*[1]:

10 g Hefe werden zweimal mit je 100 ccm Wasser aufgeschwemmt. Nach dem jeweiligen Absitzen wird die Hefe filtriert und samt dem Filter zwischen Filtrierpapier so weit getrocknet, daß sie ihren ursprünglichen Trockengrad annähernd wieder erreicht. 5 g der so gereinigten Probe werden nun mit 100 ccm zirka zehnprozentiger, vorher aufgekochter Malzwürze bei 17,5° C durch 24 Stunden und dann bei 30° C weitere 24 Stunden lang gären gelassen. Hierauf wäscht man die Hefe einmal mit Wasser, filtriert, trocknet und nimmt schließlich darin die Prüfung nach *Bau* vor.

d) Biologische Untersuchung

Lindner[2]) hat zur Unterscheidung von Preß- und Bierhefe und zur Feststellung eines Zusatzes von Bierhefe zu Preßhefe das verschiedene biologische Verhalten der Ober- und Unterhefe herangezogen. Hiebei ist die Tatsache maßgebend, daß nur die Oberhefen im „sparrigen" Sproßverbande wachsen, während sich die neugebildeten Zellen der Unterhefe in lockerem Verbande mit der Mutterzelle befinden. Man verfährt[3]) wie folgt:

Man schlämmt annähernd 0,4 g Hefe in 10 ccm sterilem Wasser auf, bringt eine Öse voll Flüssigkeit in 10 ccm Würze und überträgt daraus mit einer Feder 10 bis 12 Tropfen auf ein Deckglas. Das Deckglas wird auf eine feuchte Kammer gebracht und nach 18 stündigem Verweilen im Brutschranke bei 20° C untersucht. Die mikroskopische Prüfung des Präparates gibt einerseits Aufschluß, ob wir es mit einer Reinkultur oder mit einer Mischkultur zu tun haben, anderseits aber auch, ob Ober- oder Unterhefe vorliegt. Endlich kann man auf diese Art in einfacher Weise feststellen, in welchem Grade die Hefe durch Bakterien verunreinigt ist.

4. Beurteilung

Im Sinne der eingangs (S. 25) angeführten Verordnung sind Gemische von Bierhefe mit Preßhefe, dann Hefen aller Art (mit Ausnahme

---

[1]) Mitteilungen für Kornbrennerei und Preßhefefabrikation 1903, S. 11, und 1905, S. 11.
[2]) Ztschr. f. Spiritusindustrie 1904, S. 156 und 225.
[3]) Archiv für Chemie und Mikroskopie 1908, S. 201.

von Trockenhefe), die mehr als 2% Stärke enthalten, als gesundheitsschädlich anzusehen. Als gesundheitsschädlich gilt ferner, jedoch mit den auf S. 29 gegebenen Einschränkungen, Hefe, der Konservierungsmittel zugesetzt wurden. Verdorben oder gesundheitsschädlich, je nach dem Grade der ihr anhaftenden Mängel, ist Hefe, die faulig oder stark sauer riecht. Als verdorben schlechtweg hat der Gutachter Hefe anzusprechen, die nicht bloß oberflächlich, sondern auch im Innern vom Schimmel befallen erscheint (S. 27) und Hefe, die ihre Gärkraft so weit eingebüßt hat, daß sie sich nicht mehr zur Brotbereitung usw. eignet (S. 28). Verfälscht ist Preßhefe, welche einen Zusatz von Bierhefe, von Stärke oder anderen Streckungsmitteln erhalten, oder Bierhefe, welcher Stärke oder andere Streckungsmittel zugesetzt wurden. Falsch bezeichnet ist Bierhefe, die als Hefe schlechtweg oder Preßhefe in den Verkehr gesetzt wird (S. 29), ebenso Trockenhefe, welcher Stärke oder andere Stoffe zugesetzt wurden, ohne daß sie entsprechend bezeichnet wurde (S. 30). Lediglich minderwertig ist ungewaschene Bierhefe (S. 27), oberflächlich leichter verschimmelte Hefe (S. 27), Hefe, die mehr als 10 Zählprozente Kahm (S. 28) enthält, blaue und unreife Hefe (S. 28) und schlecht gärende Hefe (S. 29) oder nicht haltbare Hefe.

5. Regelung des Verkehrs

Die Natur des Betriebes bringt es mit sich, daß bei der Gewinnung der Hefe für größte Reinlichkeit gesorgt werden muß, weil sonst die Ausbeute und die Qualität des erzielten Erzeugnisses leiden. Um so mehr Aufmerksamkeit verdienen die Schicksale der Hefe, sobald sie ihre Erzeugungsstätte verläßt. Auf dem Wege zum Verbraucher wird die Preßhefe sehr oft umgepackt. Die Räume, in denen diese Manipulation stattfindet, müssen den gleichen Anforderungen entsprechen wie die eigentlichen Erzeugungsstätten. Wenn der Verkauf nicht in Originalpackung, sondern frei zugewogen erfolgt, wird namentlich auf den Schutz vor Verunreinigungen und auf den Gebrauch richtiger Bezeichnungen zu sehen sein. Verdorbene Hefe (S. 29) soll auch dann nicht im Verkehr belassen werden, wenn die Verderbnis noch nicht sehr weit vorgeschritten ist.

6. Verwertung der beanstandeten Hefe

Gesundheitsschädliche und verdorbene Hefe ist zu vernichten. Falsch bezeichnete kann unter richtiger Bezeichnung im Verkehr belassen werden.

Experten: *M. Fischls Söhne* (Preßhefe-Fabrik), *J. Großmann* (österr. Cenoviswerke), Prof. Dr. *A. Janke, Ignaz* u. *Jakob Kuffner* A. G., Gen.-Dir. *J. Neustadt* (Vereinigte Mautnersche Preßhefefabriken), Prok. *A. Schwarz* (M. Springersche Spiritus- und Preßhefefabrik), *Wolfrum* A. G. (Spiritus- und Preßhefefabrik).

AMME·LUTHER·SECK·WERK

GESELLSCHAFT M. B. H.

WIEN VIII, FRIEDRICH SCHMIDTPLATZ NR. 5

FERNSPRECH-NUMMER: B-42-0-95   TEL.-ADR.: MÜHLENBAU WIEN

MÜHLENBAU

    NEU- UND UMBAUTEN VON GETREIDEMÜHLEN ALLER ART

    LIEFERUNGEN SÄMTLICHER MÜLLEREIMASCHINEN

    SAAT-VEREDLUNGSANLAGEN / MEHL-VEREDLUNGSANLAGEN

    MASCHINEN FÜR FUTTERMITTEL

    HOLZMEHLMÜHLEN / GEWÜRZMÜHLEN

REISMÜHLEN

SCHÄLMÜHLEN

    FÜR GERSTE, ERBSEN, BUCHWEIZEN, HIRSE UND ANDERE HÜLSENFRÜCHTE

SPEICHER- UND SILOANLAGEN

    FÜR GETREIDE, MEHL USW.

BACKOFENBAU UND BÄCKEREIEINRICHTUNGEN

BRAUEREI- UND MÄLZEREIEINRICHTUNGEN

ZUCKERVERMAHLUNGS- UND SORTIERANLAGEN

MIX
Papier aus verantwortungsvollen Quellen
Paper from responsible sources
FSC® C105338

If you have any concerns about our products,
you can contact us on
ProductSafety@springernature.com

In case Publisher is established outside the EU,
the EU authorized representative is:
**Springer Nature Customer Service Center GmbH
Europaplatz 3, 69115 Heidelberg, Germany**

Printed by Libri Plureos GmbH
in Hamburg, Germany